图灵程序设计丛书

从0到1
SQL 即学即用

计算机通识精品课

莫振杰 著

绿叶学习网计算机系列教程
累计超**1000**万人次学习

读完就学会，上手就能用

基于SQL标准编写，涵盖MySQL、SQL Server、Oracle
三大主流DBMS语法差异

人民邮电出版社
北京

图书在版编目（CIP）数据

从0到1：SQL即学即用 / 莫振杰著. -- 北京：人民邮电出版社，2023.1（2024.1重印）
（图灵程序设计丛书）
ISBN 978-7-115-60886-4

Ⅰ．①从… Ⅱ．①莫… Ⅲ．①SQL语言 Ⅳ．①TP311.132.3

中国版本图书馆CIP数据核字(2022)第250870号

内 容 提 要

本书主要分为4部分：第1部分主要介绍SQL的基础语法，包括查询操作、数据统计、高级查询、内置函数、数据修改、表的操作、列的属性等；第2部分主要介绍SQL的高级技术，包括多表查询、视图、索引、存储程序、游标、事务等。第3部分通过一个完整的案例，将前面所介绍的知识串连起来，帮助读者融汇贯通；第4部分提供了用于参考的各种常用操作。

为了让读者更好地掌握书中内容，作者基于实际工作以及面试经验，精心设置了大量高质量的练习题。此外，本书还配有课件PPT以及各种资源，以便各大高校的老师教学使用。

◆ 著　　莫振杰
　　责任编辑　赵　轩
　　责任印制　彭志环

◆ 人民邮电出版社出版发行　北京市丰台区成寿寺路11号
　邮编　100164　电子邮件　315@ptpress.com.cn
　网址　https://www.ptpress.com.cn
　固安县铭成印刷有限公司印刷

◆ 开本：800×1000　1/16
　印张：26　　　　　　　　2023年1月第1版
　字数：609千字　　　　　　2024年1月河北第4次印刷

定价：99.80元

读者服务热线：(010)84084456-6009　印装质量热线：(010)81055316
反盗版热线：(010)81055315
广告经营许可证：京东市监广登字 20170147 号

前言

一本好书就如一盏指路明灯，不仅可以让小伙伴们学得更轻松，还可以让小伙伴们少走很多弯路。如果你需要的并不是大而全的图书，而是恰到好处的图书，那么不妨看看"从 0 到 1"这个系列的图书。

"第一眼看到的美，只是全部美的八分之一。"实际上，这个系列的图书是我多年从事开发的经验总结，除了介绍技术，还注入了自己非常多的思考。虽然我是一名技术工程师，但我对文字非常敏感。对技术写作来说，我喜欢用最简单的语言把最丰富的知识呈现出来。

在接触任何一门技术时，我都会记录初学时遇到的各种问题，以及自己的各种思考。所以我还算比较了解初学者的心态，也知道怎样才能让大家快速而无阻碍地学习。对于这个系列的图书，我更多是站在初学者的角度，而不是已学会的人的角度来编写的。

"从 0 到 1"系列还包含前端开发、Python 开发等方面的图书，感兴趣的小伙伴们可以到我的个人网站（绿叶学习网）具体了解。

最后想要跟大家说的是，或许这个系列并非十全十美，但我相信，独树一帜的讲解方式能够让小伙伴们走得更快、更远。

本书对象

- 零基础的读者。
- 想要系统学习数据库的工程师。
- 大中专院校相关专业的老师和学生。

配套资源

绿叶学习网是我开发的一个开源技术网站，也是"从 0 到 1"系列图书的配套网站。本书的所有配套资源（包括源码、习题答案、PPT 等）都可以在该网站上找到。

此外，小伙伴们如果有任何技术问题，或者想要获取更多学习资源，抑或希望和更多技术人员进行交流，可以加入官方 QQ 群：280972684、387641216。

特别感谢

在写作本书的过程中，我得到了很多人的帮助。首先要感谢赵轩老师，他是一位非常专业而不拘一格的编辑，有他的帮忙本书才能顺利出版。

其次，感谢五叶草团队的一路陪伴，感谢韦雪芳、陈志东、莫振浩这几位小伙伴花费大量时间对本书进行细致的审阅，并且给出了诸多非常棒的建议。

最后，特别感谢我的妹妹莫秋兰，她一直在默默地支持和关心着我。有这样一个懂自己的人，是非常幸运的事情，她既是我的亲人也是我的朋友。

特别说明

本书中数据均为虚拟数据，仅供学习操作使用，并无实际用途。

由于个人水平有限，书中难免会有错漏之处，小伙伴们如果发现问题或有任何意见，可以到绿叶学习网或发邮件（lvyestudy@qq.com）与我联系。

莫振杰

2023 年 1 月

目录

第 1 部分　基础语法

第 1 章　数据库 2
- 1.1　数据库是什么 2
  - 1.1.1　数据库简介 2
  - 1.1.2　DBMS 简介 3
  - 1.1.3　MySQL 简介 3
- 1.2　安装 MySQL 4
- 1.3　安装 Navicat for MySQL 9
- 1.4　使用 Navicat for MySQL 11
  - 1.4.1　连接 MySQL 11
  - 1.4.2　创建数据库 13
  - 1.4.3　创建表 14
  - 1.4.4　运行代码 17
- 1.5　本书说明 18
- 1.6　本章练习 19

第 2 章　语法基础 20
- 2.1　SQL 是什么 20
  - 2.1.1　SQL 简介 20
  - 2.1.2　关键字 21
  - 2.1.3　语法规则 22
  - 2.1.4　命名规则 23
- 2.2　数据类型 23
  - 2.2.1　数字 24
  - 2.2.2　字符串 25
  - 2.2.3　日期时间 28
  - 2.2.4　二进制 29
- 2.3　注释 30
- 2.4　本章练习 31

第 3 章　查询操作 32
- 3.1　select 语句简介 32
  - 3.1.1　select 语句 33
  - 3.1.2　特殊列名 38
  - 3.1.3　换行说明 40
- 3.2　使用别名：as 41
  - 3.2.1　as 关键字 41
  - 3.2.2　特殊别名 44
- 3.3　条件子句：where 46
  - 3.3.1　比较运算符 47
  - 3.3.2　逻辑运算符 50
  - 3.3.3　其他运算符 53
  - 3.3.4　运算符优先级 58
- 3.4　排序子句：order by 60
  - 3.4.1　order by 子句 60
  - 3.4.2　中文字符串字段排序 64
- 3.5　限制行数：limit 68
  - 3.5.1　limit 子句 68
  - 3.5.2　深入了解 71
- 3.6　去重处理：distinct 77
- 3.7　本章练习 80

第 4 章 数据统计 83
- 4.1 算术运算 83
- 4.2 聚合函数 85
  - 4.2.1 求和：sum() 85
  - 4.2.2 求平均值：avg() 86
  - 4.2.3 求最值：max() 和 min() 87
  - 4.2.4 获取行数：count() 88
  - 4.2.5 深入了解 90
  - 4.2.6 特别注意 91
- 4.3 分组子句：group by 93
- 4.4 指定条件：having 97
- 4.5 子句顺序 99
- 4.6 本章练习 100

第 5 章 高级查询 102
- 5.1 模糊查询：like 102
  - 5.1.1 通配符：% 103
  - 5.1.2 通配符：_ 105
  - 5.1.3 转义通配符 106
- 5.2 随机查询：rand() 108
- 5.3 子查询 111
  - 5.3.1 单值子查询 111
  - 5.3.2 多值子查询 114
  - 5.3.3 关联子查询 118
- 5.4 本章练习 121

第 6 章 内置函数 123
- 6.1 内置函数简介 123
- 6.2 数学函数 123
  - 6.2.1 求绝对值：abs() 124
  - 6.2.2 求余：mod() 125
  - 6.2.3 四舍五入：round() 127
  - 6.2.4 截取小数：truncate() 127
  - 6.2.5 获取符号：sign() 123
  - 6.2.6 获取圆周率：pi() 129
  - 6.2.7 获取随机数：rand() 129
  - 6.2.8 向上取整：ceil() 130
  - 6.2.9 向下取整：floor() 131
- 6.3 字符串函数 132
  - 6.3.1 获取长度：length() 133
  - 6.3.2 去除空格：trim() 134
  - 6.3.3 反转字符串：reverse() 135
  - 6.3.4 重复字符串：repeat() 135
  - 6.3.5 替换字符串：replace() 136
  - 6.3.6 截取字符串：substring() 137
  - 6.3.7 截取开头结尾：left()、right() 137
  - 6.3.8 拼接字符串：concat() 138
  - 6.3.9 大小写转换：lower()、upper() 141
  - 6.3.10 填充字符串：lpad()、rpad() 142
- 6.4 时间函数 143
  - 6.4.1 获取当前日期：curdate() 143
  - 6.4.2 获取当前时间：curtime() 144
  - 6.4.3 获取当前日期时间：now() 144
  - 6.4.4 获取年份：year() 145
  - 6.4.5 获取月份：month()、monthname() 146
  - 6.4.6 获取星期：dayofweek()、dayname() 147
  - 6.4.7 获取天数：dayofmonth()、dayofyear() 148

6.4.8	获取季度：quarter()	150

6.5 排名函数（属于窗口函数） 150
6.5.1 rank() 151
6.5.2 row_number() 152
6.5.3 dense_rank() 155
6.6 加密函数 156
6.6.1 md5() 157
6.6.2 sha1() 157
6.7 系统函数 158
6.8 其他函数 159
6.8.1 cast() 159
6.8.2 if() 160
6.8.3 ifnull() 161
6.9 本章练习 162

第 7 章 数据修改 163
7.1 数据修改简介 163
7.2 插入数据：insert 163
7.2.1 insert 语句 163
7.2.2 特殊情况 166
7.2.3 replace 语句 168
7.3 更新数据：update 170
7.4 删除数据：delete 173
7.4.1 delete 语句 173
7.4.2 深入了解 176
7.5 本章练习 177

第 8 章 表的操作 179
8.1 表的操作简介 179
8.2 库操作 179
8.2.1 创建库 180
8.2.2 查看库 181

8.2.3 修改库 182
8.2.4 删除库 182
8.3 创建表 184
8.4 查看表 187
8.4.1 show tables 语句 187
8.4.2 show create table 语句 188
8.4.3 describe 语句 189
8.5 修改表 190
8.5.1 修改表名 190
8.5.2 修改字段 191
8.6 复制表 196
8.6.1 只复制结构 196
8.6.2 同时复制结构和数据 197
8.7 删除表 199
8.8 本章练习 200

第 9 章 列的属性 202
9.1 列的属性简介 202
9.2 默认值 203
9.3 非空 206
9.4 自动递增 208
9.5 条件检查 213
9.6 唯一键 214
9.7 主键 218
9.8 外键 222
9.9 注释 226
9.10 操作已有表 229
9.10.1 约束型属性 229
9.10.2 其他属性 233
9.11 本章练习 236

第 2 部分 高级技术

第 10 章 多表查询 240
- 10.1 多表查询简介 240
- 10.2 集合运算 241
- 10.3 内连接 245
  - 10.3.1 基本语法 246
  - 10.3.2 深入了解 251
- 10.4 外连接 254
  - 10.4.1 外连接是什么 254
  - 10.4.2 左外连接 255
  - 10.4.3 右外连接 257
  - 10.4.4 完全外连接 258
  - 10.4.5 深入了解 259
- 10.5 笛卡儿积连接 260
- 10.6 自连接 261
- 10.7 本章练习 267

第 11 章 视图 268
- 11.1 创建视图 268
  - 11.1.1 视图简介 268
  - 11.1.2 修改数据 271
- 11.2 查看视图 281
- 11.3 修改视图 282
  - 11.3.1 alter view 282
  - 11.3.2 create or replace view 284
- 11.4 删除视图 285
- 11.5 多表视图 287
- 11.6 本章练习 288

第 12 章 索引 290
- 12.1 索引简介 290
- 12.2 创建索引 291
- 12.3 查看索引 292
- 12.4 删除索引 294
- 12.5 本章练习 295

第 13 章 存储程序 296
- 13.1 存储程序简介 296
- 13.2 存储过程 297
  - 13.2.1 创建存储过程 297
  - 13.2.2 查看存储过程 307
  - 13.2.3 修改存储过程 308
  - 13.2.4 删除存储过程 309
- 13.3 存储函数 310
  - 13.3.1 创建存储函数 310
  - 13.3.2 查看存储函数 313
  - 13.3.3 修改存储函数 314
  - 13.3.4 删除存储函数 314
  - 13.3.5 变量的定义 315
  - 13.3.6 常用的语句 317
- 13.4 触发器 323
  - 13.4.1 创建触发器 324
  - 13.4.2 查看触发器 327
  - 13.4.3 删除触发器 328
- 13.5 事件 328
  - 13.5.1 创建事件 329

13.5.2 查看事件 331
13.5.3 修改事件 332
13.5.4 删除事件 335
13.6 本章练习 336

第 14 章 游标 337
14.1 创建游标 337
14.2 本章练习 342

第 15 章 事务 344
15.1 事务是什么 344
  15.1.1 事务简介 344
  15.1.2 使用事务 344
  15.1.3 自动提交 346
  15.1.4 使用范围 346
15.2 事务的属性 346
15.3 本章练习 347

第 16 章 安全管理 348
16.1 安全管理简介 348
16.2 用户管理 348
  16.2.1 创建用户 350
  16.2.2 修改用户 353

16.2.3 删除用户 354
16.3 权限管理 354
  16.3.1 授予权限 356
  16.3.2 查看权限 359
  16.3.3 撤销权限 359
16.4 本章练习 360

第 17 章 数据备份 361
17.1 数据备份简介 361
17.2 库的备份与还原 361
  17.2.1 库的备份 361
  17.2.2 库的还原 364
17.3 表的备份与还原 365
  17.3.1 表的备份 365
  17.3.2 表的还原 368
17.4 本章练习 371

第 18 章 其他内容 372
18.1 系统数据库 372
18.2 分页查询 373
18.3 表的设计 375
18.4 本章练习 376

第 3 部分 实战案例

第 19 章 经典案例 378
19.1 案例准备 378
19.2 基础问题 380
19.3 高级问题 385

第 4 部分　附录

附录 A　查询子句 396
附录 B　列的属性 397
附录 C　连接方式 398
附录 D　内置函数 399
附录 E　"库"操作 401
附录 F　"表"操作 402
附录 G　"数据"操作 403
附录 H　"视图"操作 404
附录 I　"索引"操作 405

后记 406

第 1 部分
基础语法

第 1 章 数据库

1.1 数据库是什么

1.1.1 数据库简介

数据库,也就是"DataBase",简称"DB"。数据库,简单来说就是将大量数据保存起来的一个数据集合。数据库的应用极其广泛,日常生活中经常使用,只是有些小伙伴不是很了解而已。

比如一所学校有几万名学生,学生入学时学校会登记每名学生的相关信息,包括姓名、年龄等。这些信息都会保存到一个数据库中,平常考试、进出校门等都需要核对学生的信息。再拿各银行来说,所有客户的信息包括账号、密码、余额等,都是存放在数据库中的。

如果没有数据库,我们的生活会怎么样呢?此时不仅仅是银行取钱无法正常进行,像平常的网上购物,以及其他方方面面,都可能无法正常进行(图1-1)。

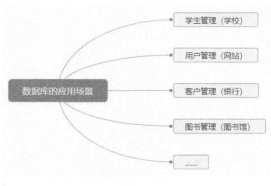

图 1-1

1.1.2 DBMS 简介

DBMS，也就是"DataBase Management System"（数据库管理系统）。简单来说，DBMS 就是一种用来管理数据库的软件。DBMS 是根据数据库的类型进行分类的。

对于数据库来说，它的种类非常多。不过随着互联网以及大数据的发展，现在常用的数据库可以分为两种：① 关系数据库；② 非关系数据库。

因此对于 DBMS 来说，它也可以分为"关系 DBMS"以及"非关系 DBMS"这两种，如表 1-1 所示。这些 DBMS 在实际开发中会大量运用，所以这里我们有必要了解一下。

表 1-1 常见的 DBMS

关系 DBMS	非关系 DBMS
MySQL	MongoDB
SQL Server	Redis
Oracle	
PostgreSQL	

现在大多数公司主要使用关系 DBMS。可能会有小伙伴问："拿 MySQL 来说，它和 SQL 到底有什么关系呢？"大家可以这样去理解：**SQL 是"一门语言"，而 MySQL 是基于这门语言的"一个软件"**。实际上，MySQL、SQL Server、Oracle、PostgreSQL 这 4 个都是基于 SQL 的"软件"。

由于 MySQL、SQL Server、Oracle 和 PostgreSQL 来自不同的厂商，所以它们的部分语法会有一定的差别，不过大部分语法都是相同的。小伙伴们只需记住：**常用的关系 DBMS 有 MySQL、SQL Server、Oracle 和 PostgreSQL。不管哪一个，都是使用 SQL 来操作的。**

1.1.3 MySQL 简介

由于 SQL 必须依托于某一个软件，所以如果想要学习 SQL，我们必须要从 MySQL、SQL Server、Oracle 和 PostgreSQL 这几个软件中选一个出来学习和使用。对于本书来说，我们选择的是 MySQL。

MySQL（其 Logo 如图 1-2 所示）是一款开源的数据库软件，也是目前使用最多的 DBMS 之一。很多编程语言的相关项目都会使用 MySQL 作为主要的数据库，包括 PHP、Python、Go 等。特别是在 Web 应用方面，MySQL 可以说是最好用的关系 DBMS 之一。

图 1-2

市面上主要使用的数据库是 MySQL、SQL Server、Oracle 这 3 种,而 PostgreSQL 较少用到。所以本书只重点关注 MySQL、SQL Server、Oracle 这 3 种数据库使用的 SQL 语法。

大多数情况下,这些数据库都有着相同的语法,然而偶尔也有所不同。所以本书会采取如下讲解方式:正文部分将会采用 MySQL 的语法,如果 SQL Server 或 Oracle 存在不同语法,就会以"数据库差异性"这样的板块给出。

1.2 安装 MySQL

在 Windows 系统中下载和安装 MySQL,只需要简单的 3 步就可以完成。但是在安装的过程中,小伙伴们不要一味追求快,一定要严格落实每一步。因为在安装 MySQL 时很容易出问题,重装也非常麻烦。

① **下载 MySQL**:首先打开 MySQL 官网下载页面,选择【MySQL Installer for Windows】,如图 1-3 所示。

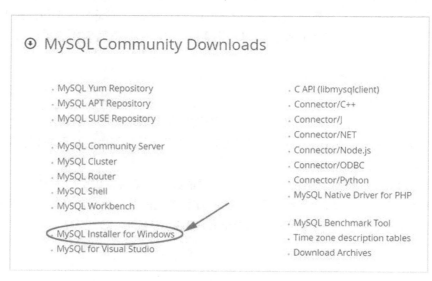

图 1-3

在如图 1-4 所示的下载页面中，这里我们选择下面文件体积较大的，单击【Download】按钮即可。

图 1-4

接下来会弹出一个登录页面，如图 1-5 所示。我们单击最下方的【No thanks, just start my download.】，就可以下载 MySQL。

图 1-5

② **安装 MySQL**：下载完成后，双击软件以进行安装，安装界面如图 1-6 所示，勾选【I accept the license terms】，然后单击【Next】按钮。

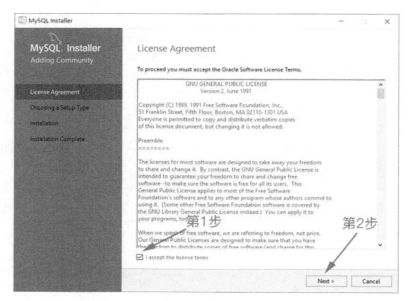

图 1-6

在如图 1-7 所示的界面中，我们选择【Server only】，然后单击【Next】按钮。

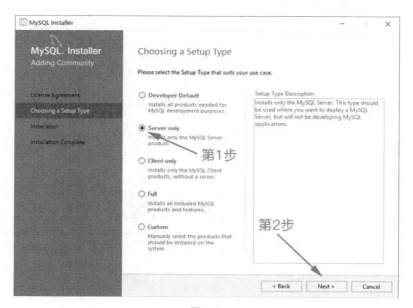

图 1-7

接下来，一路单击【Next】按钮即可，直到出现如图 1-8 所示的界面。在该界面中填写 root 用户的密码，长度最少为 4 位。界面下方还可以添加普通用户，一般情况下不需要再添加其他用户，直接使用 root 用户就可以了。填写密码之后，再单击【Next】按钮。

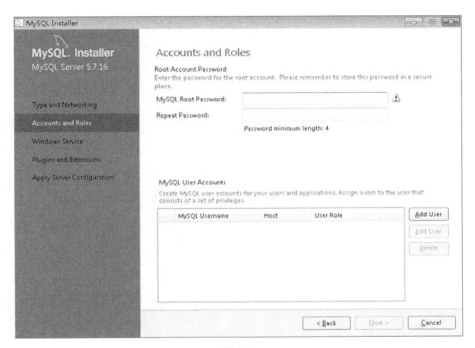

图 1-8

然后，一路单击【Next】按钮，最后单击【Finish】按钮即可完成安装。

③ **设置环境变量**：安装完成后，还需要设置环境变量。设置环境变量是为了可以在任意的目录下使用 MySQL 命令。

鼠标右键单击【此电脑】，选择【属性】打开，【系统】窗口，选择【高级系统设置】，此时会打开如图 1-9 所示的对话框，再单击【环境变量】按钮。

图 1-9

在如图 1-10 所示的对话框中，我们选中【Path】变量（记得要先选中），并单击【编辑】按钮。

图 1-10

MySQL 安装完成之后，默认的安装路径是"C:\Program Files\MySQL\MySQL Server 8.0\bin"（安装路径有可能不一样，小伙伴们自行确认一下）。我们在【编辑环境变量】对话框（如图 1-11 所示）中，单击【新建】按钮，把 MySQL 安装路径写在变量值中。

图 1-11

接下来我们一路单击【确定】按钮，然后把刚刚打开的窗口和对话框都关闭就可以了。最后需要说明一点，如果想要重装 MySQL，我们必须先把它卸载干净再去重装，不然就无法重装成功。至于如何卸载干净，小伙伴们可以自行搜索一下，非常简单。

> **数据库差异性**
>
> 对于其他 DBMS（如 Oracle 和 SQL Server），以及它们对应的开发工具的安装教程和使用教程，小伙伴们可以在本书的配套文件中找到。

1.3 安装 Navicat for MySQL

MySQL 本身并未提供可视化工具。对于初学者来说，如果想要更轻松地入门 MySQL，强烈推荐使用 Navicat for MySQL 软件（其 Logo 如图 1-12 所示）来辅助学习。

图 1-12

Navicat for MySQL 主要为 MySQL 提供图形化的界面操作，使得用户在使用 MySQL 时更加方便。如果不借助 Navicat for MySQL，就需要使用命令行的方式（如图 1-13 所示）。大家可能都知道，命令行这种方式有时是非常麻烦的。

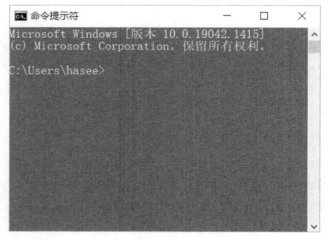

图 1-13

> **常见问题**
>
> **除了 Navicat for MySQL，还有其他的可视化工具吗？**
>
> 如果想要使用 MySQL 进行开发，除了 Navicat for MySQL，我们还可以使用 Workbench、phpMyAdmin 等。不过公认最简单、最好用的还是 Navicat for MySQL，其他的了解一下即可。

1.4 使用 Navicat for MySQL

1.4.1 连接 MySQL

① **连接 MySQL**：打开 Navicat for MySQL 后，选择【连接】→【MySQL】，界面如图 1-14 所示。

图 1-14

② **填写连接信息**：在弹出的对话框中填写连接信息，连接名随便写即可，密码就是 root 用户的密码，如图 1-15 所示。填写完成后，单击【确定】按钮。

为了方便学习，小伙伴们可以将密码设置得简单一点儿，比如设置成"123456"。不过在实际开发中，考虑到安全性问题，密码应尽可能设置得复杂一点儿。

图 1-15

③ **打开连接**：在左侧选中【mysql】，单击鼠标右键并选择【打开连接】，如图 1-16 所示。之后就可以打开连接了。或者，直接双击【mysql】也可实现同样的效果。

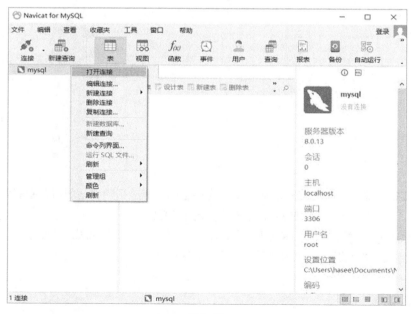

图 1-16

1.4.2 创建数据库

① **新建数据库**：在左侧选中【mysql】，单击鼠标右键并选择【新建数据库】，如图 1-17 所示。

图 1-17

② **填写数据库名**：在弹出的对话框中，填写数据库的基本信息，这里只需填写数据库名就可以了。数据库名是随便取的，这里填写的是"lvye"（即本书配套资源网站"绿叶学习网"的简称），然后单击【确定】按钮，如图 1-18 所示。

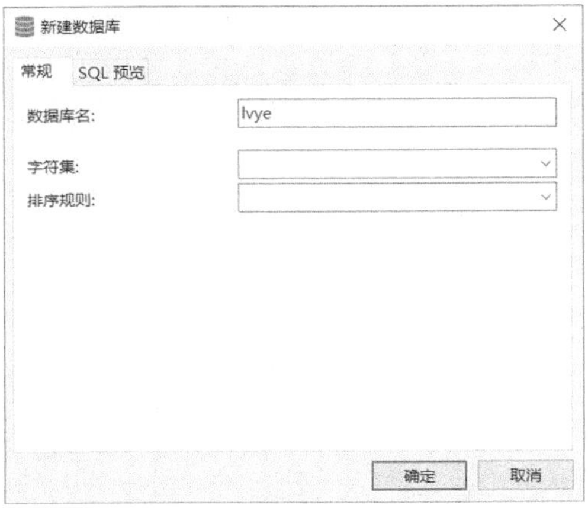

图 1-18

③ **打开数据库**：在左侧选中【lvye】，然后单击鼠标右键并选择【打开数据库】，如图 1-19 所示。之后就可以打开该数据库了。或者，直接双击【lvye】也可实现同样的效果。

图 1-19

1.4.3 创建表

① **新建表**：选择【lvye】下的【表】，单击鼠标右键并选择【新建表】，如图 1-20 所示。

图 1-20

② **填写表信息**：创建一个名为 product 的表，该表保存的是商品的基本信息，包括商品编号、商品名称、商品类型、来源城市、出售价格、入库时间等。其中，product 表的字段信息如图 1-21 所示。

名	类型	长度	小数点	不是 null	虚拟	键	注释
id	int			☐	☐		商品编号
name	varchar	10		☐	☐		商品名称
type	varchar	10		☐	☐		商品类型
city	varchar	10		☐	☐		来源城市
price	decimal	5	1	☐	☐		出售价格
rdate	date			☐	☐		入库时间

图 1-21

我们还需要设置 id 为主键才行。首先选中 id 行，然后单击鼠标右键并选择【主键】，如图 1-22 所示。

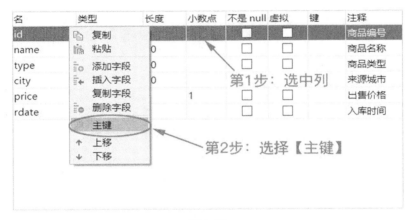

图 1-22

设置完主键之后，我们会看到 id 行中【不是 null】这一项前面打上了"√"，并且右边会显示钥匙图标，如图 1-23 所示。

名	类型	长度	小数点	不是 null	虚拟	键	注释
id	int			☑	☐	🔑 1	商品编号
name	varchar	10		☐	☐		商品名称
type	varchar	10		☐	☐		商品类型
city	varchar	10		☐	☐		来源城市
price	decimal	5	1	☐	☐		出售价格
rdate	date			☐	☐		入库时间

图 1-23

③ **填写表名**：字段填写完成之后，我们使用"Ctrl+S"快捷键就可以保存了。这里会弹出【表名】对话框，这里填写的是"product"，如图 1-24 所示。

图 1-24

④ **打开表**：在左侧单击【表】左侧的">"将其展开，然后选中【product】，单击鼠标右键并选择【打开表】，如图 1-25 所示。

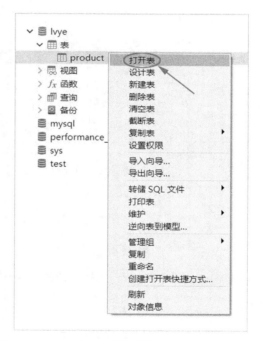

图 1-25

⑤ **添加数据**：打开表之后，我们可以通过单击左下角的"+"来添加一行数据，添加完成之后，再单击"√"即可，如图 1-26 所示。

由于 product 表在后面章节中会被反复用到，所以小伙伴们要严格对比图 1-26 并把所有数据都填写好才行。

1.4 使用Navicat for MySQL

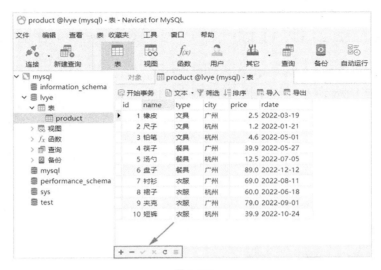

图 1-26

至此就成功创建了一个 product 表。在后面的章节中创建一个新表时，我们都是通过上面这几个步骤来完成的。

1.4.4 运行代码

① **新建查询**：在 Navicat for MySQL 上方单击【新建查询】，就会打开一个代码窗口；然后选择你想要使用的数据库，这里选择的是【lvye】，如图 1-27 所示。

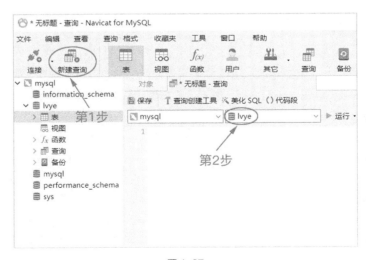

图 1-27

② **运行代码**：在打开的代码窗口中，我们尝试输入一句简单的 SQL 代码"select * from product;"，然后单击上方的【运行】按钮，如图 1-28 所示，就会自动执行并显示结果。

图 1-28

最后，对于 Navicat for MySQL 的使用，我们还需要特别注意以下两点（非常重要）。
- 在执行 SQL 语句之前，一定要确保选择正确的数据库，否则可能会报错。
- 所有的 SQL 语句（包括查询、插入、删除等），都是在【新建查询】窗口执行的，而不仅仅只有查询语句才可以。

1.5 本书说明

本书不仅适合零基础的初学者阅读，同样适合想要系统学习且有一定基础的小伙伴阅读。不过本书只会挑选核心的 SQL 语法进行介绍，并不会方方面面都涉及。有需要参考完整语法的小伙伴，一定要参考不同 DBMS 的官方文档。

很多小伙伴在学习技术的时候，都有点儿"眼高手低"，觉得看懂了就可以了。其实技术这东西，看懂了没太多意义，只有自己能够写出来才有意义。所以对于本书的每一个例子，小伙伴们一定要在 Navicat for MySQL 上面亲自操作一遍。

MySQL 是基于 SQL 的，其实我们在学习 MySQL 时，更多的是学习一门语言的各种语法。这里顺便提一点：如果你学过一门编程语言，再去学习其他编程语言，是有非常大的帮助的。比如 SQL 中的存储过程就相当于其他语言中的"函数"，SQL 中同样也有类似其他编程语言的循环语句。

对于没有任何基础的小伙伴来说，学习哪一门语言比较好呢？这里并不推荐 C++、Java 等，因为这些语言本身比较烦琐，也不利于初学者理解。更推荐选择 Pythcn 作为首选入门语言，因为它不仅语法简单，而且应用非常广泛。

> **常见问题**
>
> **对于本书每一章后面的练习，大家有必要去做吗？**
>
> 本书中所有的习题，都是我精挑细选处理的，对于掌握该章的知识点是非常有用的。当然，如果想要真正提升技术能力，仅仅靠练习几道题是远远不够的。小伙伴们还是要通过真正的项目多加练习，才能做到游刃有余。

1.6　本章练习

【**特别说明**】由于本书使用的是 MySQL，正文内容也以 MySQL 的语法作为主体，所以本书所有习题都是针对 MySQL 而言的。

一、单选题

1. 下面选项中，不属于 DBMS 的是（　　）。
   A. SQL　　　　　　　　　　　　B. MySQL
   C. SQL Server　　　　　　　　　D. Oracle
2. 下面选项中，属于非关系 DBMS 的是（　　）。
   A. MySQL　　　　　　　　　　　B. SQL Server
   C. Oracle　　　　　　　　　　　D. MongoDB
3. 下面有关数据库的说法中，正确的是（　　）。
   A. MySQL 是非关系 DBMS
   B. MySQL 是一门语言
   C. MySQL 是使用非常广泛的开源 DBMS
   D. MySQL、SQL Server 和 Oracle 的语法是完全一样的
4. 下面数据库系统中，应用相对最为广泛的是（　　）。
   A. 分布型数据库　　　　　　　　B. 逻辑型数据库
   C. 关系数据库　　　　　　　　　D. 层次型数据库

二、简答题

常见的关系 DBMS 和非关系 DBMS 都有哪些？请分别列举。

第 2 章 语法基础

2.1 SQL 是什么

本书使用的 MySQL 是一个 DBMS，也就是一个软件。MySQL 本身是需要借助 SQL 来实现的。实际上，MySQL、SQL Server、Oracle 等 DBMS 都需要使用 SQL，只不过不同 DBMS 的语法略有不同而已。

2.1.1 SQL 简介

SQL，也就是"Structured Query Language（结构化查询语言）"（其 Logo 如图 2-1 所示），它是数据库的标准语言。SQL 非常简洁，它有 6 个常用动词：insert（插入）、delete（删除）、select（查询）、update（更新）、create（创建）和 grant（授权）。

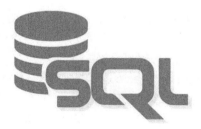

图 2-1

SQL 语言按照实现的功能不同，主要分为三大类：①数据定义语言；②数据操纵语言；③数据控制语言。

1. 数据定义语言

数据定义语言，也就是"DDL"（Data Definition Language），主要用于对"数据表"进行创建、删除或修改操作。DDL 语句有 3 种，如表 2-1 所示。

表 2-1 DDL 语句

语　　句	说　　明
create table	创建表
drop table	删除表
alter table	修改表

2. 数据操纵语言

数据操纵语言，也就是"DML"（Data Manipulation Language），主要用于对"数据"进行增、删、查、改操作。DML 语句有 4 种，如表 2-2 所示。

表 2-2 DML 语句

语　　句	说　　明
insert	增加数据
delete	删除数据
select	查询数据
update	更新数据

3. 数据控制语言

数据控制语言，也就是"DCL"（Data Control Language），主要用于用户对数据库和数据表的权限管理。DCL 语句有两种，如表 2-3 所示。

表 2-3 DCL 语句

语　　句	说　　明
grant	赋予用户权限
revoke	取消用户权限

2.1.2 关键字

关键字，指的是 SQL 本身"已经在使用"的名字，因此我们在给库、表、列等命名时，是不能使用这些名字的（因为 SQL 自己要用）。

常见的关键字有：select、from、where、group by、order by、distinct、like、insert、delete、update、create、alter、drop、is not、inner join、left outer join、right outer join、procedure、function 等。

对于这些关键字，小伙伴们不需要刻意去记忆。等我们把这本书学完之后，自然而然就会认得了。

2.1.3 语法规则

SQL 本身也是一门编程语言，所以它也有属于自己的语法规则。不过 SQL 的语法规则非常简单，我们只需要清楚以下两点就可以了。

1. 不区分大小写

对于表名、列名、关键字等，SQL 是不区分大小写的。比如 select 这个关键字，写成 select、SELECT 或 Select 都是可以的。下面两种方式是等价的。

```
-- 方式1：关键字小写
select * from product;
-- 方式2：关键字大写
SELECT * FROM product;
```

对于大小写这点，这里要重点说明一下。很多书都推荐使用方式 2，也就是关键字一律使用大写的方式。其实对于使用中文环境的人来说，关键字大写这种方式，阅读起来是非常不直观的。因此，对于初学者来说，我们更推荐使用小写的方式。

可能有小伙伴就开始纠结了："大多数书不都是使用关键字大写这种方式吗？"鲁迅先生说过一句话："从来如此，便对么？"所以在做开发的时候，我们不必拘泥于别人定的规则，只要团队内部做好约定，不影响实际项目开发就可以了。

当然，上面只是本书的一个约定，并不是强制规定。在实际开发中，我们完全可以根据个人喜好来选择大写还是小写，甚至是大小写混合。

2. 应该以分号结尾

如果执行一条 SQL 语句，它的结尾加不加英文分号（;）都是可行的。但是如果同时执行多条 SQL 语句，每一条语句的后面都必须加上英文分号才行。

```
-- 方式1：加分号
select * from product;
-- 方式2：不加分号
select * from product
```

对于中文的一句话来说，我们需要用句号（。）来表示结束。一条 SQL 语句相当于 SQL 中的一句话，所以为了代码规范，不管是一条 SQL 语句，还是多条 SQL 语句，我们都建议一律加上英文分号。

2.1.4 命名规则

命名规则，主要是针对库名、表名、列名这 3 种而言的。对于库、表、列的命名，我们需要遵循以下两条规则。

1. 不能是 SQL 关键字

前面提过，我们在给库、表、列等命名时，是不能使用 SQL 本身已经在用的这些名字的，比如 select、delete、from 等都是 SQL 关键字。

2. 只能使用英文字母、数字、下划线

在给库、表、列等命名时，我们只能使用英文字母（大小写都可以）、数字、下划线（_），而不能使用其他符号，如中划线（-）、美元符号（$）等。

```
-- 正确命名
product_name

-- 错误命名
product-name
```

本节只是对 SQL 做简单的介绍，小伙伴们暂时了解一下即可。我们建议大家把这本书学完之后，再回头看一遍，这样才会有更深的理解。

2.2 数据类型

如果小伙伴们接触过其他编程语言（如 C、Java、Python 等），应该知道每一门编程语言都有属于它自己的数据类型。SQL 本身也是一门编程语言，所以它也有自己的数据类型。

由于本书使用的是 MySQL，所以只会介绍 MySQL 中的数据类型。对于其他 DBMS（如 SQL Server、Oracle、PostgreSQL 等）来说，它们的数据类型也是大同小异的，小伙伴们可以根据需求自行去了解一下。

MySQL 的数据类型主要有以下四大类。
- 数字
- 字符串
- 日期时间
- 二进制

2.2.1 数字

数字，指的是数学上的数字（如图 2-2 所示），它是由 0～9、加号（+）、减号（-）和小数点（.）组成的，比如 10、-10、3.14 等。

图 2-2

数字可以分为三大类：整数、浮点数和定点数。MySQL 中的整数类型有 5 种，如表 2-4 所示。在实际开发中，大多数情况下我们使用的是 int 类型。

表 2-4　整数类型

类　　型	说　　明	取值范围
tinyint	很小的整数	$-2^7 \sim 2^7-1$
smallint	小整数	$-2^{15} \sim 2^{15}-1$
mediumint	中等的整数	$-2^{23} \sim 2^{23}-1$
int（或 integer）	**普通的整数**	$\mathbf{-2^{31} \sim 2^{31}-1}$
bigint	大整数	$-2^{63} \sim 2^{63}-1$

选择哪一种整数类型取决于列的范围，如果列中的最大值不超过 127，那么选择 tinyint 类型就足够了。选择范围过大的类型，需要占据更大的空间。

浮点数类型有两种，如表 2-5 所示。需要注意的是，浮点数类型存在精度损失，比如 float 类型的浮点数只保留 7 个有效位，然后会对最后一位数四舍五入。

表 2-5　浮点数类型

类　　型	说　　明	有　效　位
float	单精度	7
double	双精度	15

定点数类型只有一种，如表 2-6 所示。和浮点数不一样，定点数不存在精度损失，所以大多数情况下我们都建议使用定点数来表示包含小数的数值。特别像银行存款这种数值，如果用浮点数来表示，就会非常麻烦。

表 2-6　定点数类型

类　型	说　明	有　效　位
decimal(m, d)	定点数	取决于 m 和 d

对于 decimal(m, d) 来说，m 表示该数值最多包含的有效数字的个数，d 表示有多少位小数。举个简单的例子，decimal(10, 2) 中的"2"表示小数部分的位数为 2，如果插入的值没有小数部分或者小数部分不足 2 位，就会自动补全到 2 位小数（补 0）；如果插入的值的小数部分超过了 2 位，就会直接截断（不会四舍五入），最后保留 2 位小数。decimal(10, 2) 中的"10"指的是整数部分加小数部分的总位数，也就是整数部分不能超过 8 位（10-2），否则无法插入成功，并且会报错。

此外，decimal(m, d) 中的 m 和 d 都是可选的，m 的默认值是 10，d 的默认值是 0。因此我们可以得出下面的等式。

```
decimal = decimal(10, 0)
```

MySQL 中是不存在布尔型（即 Boolean）的。但是在实际开发中，经常需要用到"是"和"否"、"有"和"无"这种数据，此时应该怎么表示呢？我们可以使用 tinyint(1) 这种类型来存储，其中用"1"表示 true，"0"表示 false 即可。

2.2.2　字符串

字符串，其实就是一串字符，非常容易理解。在 MySQL 中，字符串都是使用英文单引号或英文双引号括起来的。对于 MySQL 来说，常用的字符串型有 7 种，如表 2-7 所示。

表 2-7　字符串型

类　型	说　明	字节
char	定长字符串	$0 \sim 2^8-1$
varchar	变长字符串	$0 \sim 2^{16}-1$
tinytext	短文本	$0 \sim 2^8-1$
text	普通长度文本	$0 \sim 2^{16}-1$
mediumtext	中等长度文本	$0 \sim 2^{24}-1$
longtext	长文本	$0 \sim 2^{32}-1$
enum	枚举类型	取决于成员个数（最多 64 个）

在实际开发中，我们一般只会用到 char、varchar、text 这 3 种，所以接下来会重点介绍。

1. char

在 MySQL 中，我们可以使用 char 类型来表示一个"固定长度"的字符串。

▶ **语法**：

```
char(n)
```

▶ **说明**：

n 表示指定的长度，它是一个整数，取值范围为 0 ~ 255。比如 char(5) 表示长度为 5，也就是包含的字符个数最多为 5。如果字符串长度不足 5，那么在右边填充空格；如果字符串长度超过 5，就会报错而无法存入数据库，具体如表 2-8 所示。

表 2-8 char(5)

插 入 值	存 储 值	占用空间
''	' '	5 个字节
'a'	'a '	5 个字节
'ab'	'ab '	5 个字节
'abcde'	'abcde'	5 个字节
'abcdef'	无法存入	无法存入

2. varchar

在 MySQL 中，我们可以使用 varchar 类型来表示一个"可变长度"的字符串。

▶ **语法**：

```
varchar(n)
```

▶ **说明**：

n 表示指定的长度，它是一个整数，取值范围为 0 ~ 65535。和 char 不一样，varchar 的占用空间是由字符串实际长度来决定的。我们来看一下 varchar(5) 的存储情况，如表 2-9 所示。

表 2-9 varchar(5)

插 入 值	存 储 值	占用空间
''	''	1 个字节
'a'	'a'	2 个字节
'ab'	'ab'	3 个字节
'abcde'	'abcde'	6 个字节
'abcdef'	无法存入	无法存入

需要特别注意的是，varchar 实际的占用空间等于"字符串实际长度"再加上 1，因为它在存储字符串时会在尾部加上一个结束字符。

虽然 varchar 使用起来比较灵活，并且可以节省存储空间，但是从性能上来看，char 的处理速度更快，有时甚至可以超出 varchar 50%。因此在设计数据库时，应该综合考虑多方面的因素，以达到最佳的平衡。

其实从字面上也可以看出来，varchar 指的是"variable char"。下面总结一下 char 和 varchar 的区别。

- char 也叫作**"定长字符串"**，它的长度是固定的，存储占用空间大，但是性能稍微高一点儿。
- varchar 也叫作**"变长字符串"**，它的长度是可变的，存储占用空间小，但是性能稍微低一点儿。

3. text

如果你的数据是一个超长的字符串，比如文章内容，此时就更适合使用 text 类型。text 其实相当于 varchar(65535)，它本质上也是一个可变长度的字符串。

text 相关类型有 tinytext、mediumtext、longtext 等，如表 2-10 所示。它们都是可变长度的字符串，唯一的区别在于长度不同。

表 2-10　text 相关类型

类　　型	说　　明	字　　节
tinytext	短文本	$0 \sim 2^{8}-1$
text	普通长度文本	$0 \sim 2^{16}-1$
mediumtext	中等长度文本	$0 \sim 2^{24}-1$
longtext	长文本	$0 \sim 2^{32}-1$

4. enum

在实际开发中，有些变量只有几种可能的取值。比如人的性别只有 2 种值——男和女，而星期只有 7 种值——1、2、3、4、5、6、7。

在 MySQL 中，我们可以定义一个字段为 enum 类型（也就是枚举类型），然后限定该字段在某个范围内取值。

比如有一个字段使用 enum 类型定义了一个枚举列表——first、second、third，那么该字段可以取的值和每个值的索引如表 2-11 所示。

表 2-11　enum 类型的取值范围

值	索　　引
NULL	NULL
''	''

（续）

值	索引
first	1
second	2
third	3

如果 enum 类型加上 NOT NULL 属性，其默认值就是枚举列表的第一个元素。如果不加 NOT NULL 属性，enum 类型将允许插入 NULL，而且 NULL 为默认值。

2.2.3 日期时间

日期时间，主要用于表示"日期"（年、月、日）和"时间"（时、分、秒）。对于 MySQL 来说，日期时间型有 5 种，如表 2-12 所示。

表 2-12 日期时间型

类 型	格 式	说 明	举 例
date	YYYY-MM-DD	日期型	2022-01-01
time	HH:MM:SS	时间型	08:05:30
datetime	YYYY-MM-DD HH:MM:SS	日期时间型	2022-01-01 08:05:30
year	YYYY	年份型	2022
timestamp	YYYYMMDD HHMMSS	时间戳型	20220101 080530

我们在给 MySQL 输入日期时间数据时，必须符合上面的格式，才能正确输入。比如类型为 date，那么字段的值必须符合"YYYY-MM-DD"这种格式，而不能是其他格式。

每个类型都有特定的取值格式以及取值范围，当指定不合法的值时，系统就会将"0"插入数据库中。

如果使用的是 Navicat for MySQL，我们可以使用提示按钮来辅助输入，如图 2-3 所示。如果是在程序中插入数据，就需要特别注意格式。

1. 日期型

日期型（date）的数据格式为：YYYY-MM-DD。其中 YYYY 表示年份，MM 表示月份，DD 表示某一天。比如 2022 年 5 月 20 日，存储格式应为：2022-05-20。

图 2-3

2. 时间型

时间型（time）的数据格式为：HH:MM:SS。其中 HH 表示小时，MM 表示分钟，SS 表示秒。比如 13 时 14 分 20 秒，存储格式应为：13:14:20。

3. 日期时间型

日期时间型（datetime）的数据格式为：YYYY-MM-DD HH:MM:SS。其中 YYYY 表示年份，MM 表示月份，DD 表示某一天，HH 表示小时，MM 表示分钟，SS 表示秒。

比如 2022 年 5 月 20 日 13 时 14 分 20 秒，存储格式应为：2022-05-20 13:14:20。

4. 年份型

年份型（year）的数据格式为：YYYY。其中 YYYY 表示年份。

比如 2022 年，存储格式应为：2022。

5. 时间戳型

时间戳型（timestamp）的数据格式为：YYYYMMDD HHMMSS。其中 YYYY 表示年份，MM 表示月份，DD 表示某一天，HH 表示小时，MM 表示分钟，SS 表示秒。

比如 2022 年 5 月 20 日 13 时 14 分 20 秒，存储格式应为：20220520 131420。

datetime 和 timestamp 都可以用于表示"YYYY-MM-DD HH:MM:SS"类型的日期，除了存储方式、存储大小以及表示范围有所不同之外，它们没有太大的区别。一般情况下我们使用 datetime 较多，而对于跨时区的业务，则使用 timestamp 更合适。

2.2.4 二进制

二进制型，适用于存储图像、格式文本（如 Word、Excel 文件等）、程序文件等数据。对于 MySQL 来说，二进制型有 5 种，如表 2-13 所示。

表 2-13 二进制型

类型	说明	字节
bit	位	$0 \sim 2^8-1$
tinyblob	二进制型的短文本	$0 \sim 2^8-1$
blob	二进制型的普通文本	$0 \sim 2^{16}-1$
mediumblob	二进制型的中文本	$0 \sim 2^{24}-1$
longblob	二进制型的长文本	$0 \sim 2^{32}-1$

不过在实际开发中，我们并不推荐在数据库中存储二进制数据，主要是因为二进制数据往往非常大，会占用过多的存储空间，并且读写的性能非常差。

2.3 注释

在实际开发中,有时我们需要为 SQL 语句添加一些注释,以方便自己和别人理解代码。

方式 1:

```
-- 注释内容
```

方式 2:

```
/*
  注释内容
  注释内容
  注释内容
*/
```

所有主流 DBMS(包括 MySQL、SQL Server、Oracle 等)的注释方式都有上面两种。需要特别注意的是,对于方式 1,"--"与注释内容之间必须有一个空格,否则某些 DBMS(如 MySQL)会有问题。

数据库差异性

对于 MySQL 的单行注释来说,它还有一种独有的注释方式,语法如下。

```
# 注释内容
```

不过这种方式是 MySQL 独有的,像 SQL Server、Oracle 等就没有这种方式。为了统一语法,对于单行注释来说,我们还是推荐使用下面这种方式。

```
-- 注释内容
```

最后需要特别说明的是,小伙伴们在学习本书的内容时,大多数情况下关注正文主体内容就可以了。对于"数据库差异性"这个板块,你在学习的时候完全可以忽略,因为它更多是方便我们在使用其他 DBMS 时进行查询。当然,如果小伙伴们想对比一下不同 DBMS 的语法,认真看一下也是非常有用的。

2.4 本章练习

一、单选题

1. SQL 又被称为（   ）。
   A. 结构化定义语言　　　　　　　　　B. 结构化控制语言
   C. 结构化查询语言　　　　　　　　　D. 结构化操纵语言
2. 每一条 SQL 语句的结束符是（   ）。
   A. 英文句号　　　B. 英文逗号　　　C. 英文分号　　　D. 英文问号
3. 下面关于 SQL 的说法中，不正确的是（   ）。
   A. SQL 语句中的所有关键字必须大写
   B. 每一条 SQL 语句应该以英文分号结尾
   C. 库、表和列的命名不能使用 SQL 关键字
   D. 库、表和列的命名只能使用英文字母、数字和下划线
4. 如果给某一列命名，下面合法的命名是（   ）。
   A. product-name　　　　　　　　　B. product_name
   C. product+name　　　　　　　　　D. $productname
5. 下面不属于数字型的是（   ）。
   A. decimal　　　B. enum　　　C. bigint　　　D. float
6. 下面不属于字符串型的是（   ）。
   A. float　　　B. char　　　C. text　　　D. varchar
7. 下面不属于日期时间型的是（   ）。
   A. date　　　B. year　　　C. decimal　　　D. timestamp
8. 下列选项中，可以用于注释多行内容的方式是（   ）。
   A. -- 注释内容　　　　　　　　　B. /* 注释内容 */
   C. # 注释内容　　　　　　　　　D. / 注释内容 /
9. 如果表某一列的取值是不固定长度的字符串，最适合使用的类型是（   ）。
   A. char　　　B. varchar　　　C. nchar　　　D. int

二、简答题

请简述一下 MySQL 的数据类型都有哪些。

第 3 章 查询操作

3.1 select 语句简介

从这一章开始，我们正式学习 SQL 的各种语句。前面的 1.4 节已经创建了一个名为"product"的表，该表的结构如表 3-1 所示，该表的数据如表 3-2 所示。小伙伴们认真对比一下，看看是否已正确填写了。

表 3-1　product 表的结构

列　名	类　型	长　度	小　数　点	允许 NULL	是否主键	注　释
id	int			×	√	商品编号
name	varchar	10		√	×	商品名称
type	varchar	10		√	×	商品类型
city	varchar	10		√	×	来源城市
price	decimal	5	1	√	×	出售价格
rdate	date			√	×	入库时间

表 3-2　product 表的数据

id	name	type	city	price	rdate
1	橡皮	文具	广州	2.5	2022-03-19
2	尺子	文具	杭州	1.2	2022-01-21
3	铅笔	文具	杭州	4.6	2022-05-01
4	筷子	餐具	广州	39.9	2022-05-27
5	汤勺	餐具	杭州	12.5	2022-07-05
6	盘子	餐具	广州	89.0	2022-12-12
7	衬衫	衣服	广州	69.0	2022-08-11
8	裙子	衣服	杭州	60.0	2022-06-18
9	夹克	衣服	广州	79.0	2022-09-01
10	短裤	衣服	杭州	39.9	2022-10-24

我们注意一下 rdate 这一列，它的类型是 date。某些 DBMS（如 Oracle）是不允许使用"date"作为列名的，因为 date 本身已经作为关键字使用。为了避免冲突，这里使用了"rdate"作为列名，其中 rdate 是"register date"的缩写。

这里提前给小伙伴们说明一下"主键"的作用。如果某一列被设置为主键，那么这一列的值具有两个特点：**不允许为空（NULL），以及具有唯一性**。一般来说，一个表都需要有一个作为主键的列，这样可以保证每一行都有唯一标识。

举个简单的例子，如果一条记录包含身份证号、姓名、性别、年龄等，那么我们怎样对两个人进行区分呢？很明显，只有通过身份证号才可以，因为姓名、性别、年龄这些都是可能相同的。所以主键就相当于每一行数据的"身份证号"，可以对不同行数据进行区分。

此外，在实际开发中，对于 MySQL 中包含小数的列，建议使用 decimal 类型来表示，而不是使用 float 或 double 类型来表示。这主要是因为 decimal 类型不存在精度损失，而 float 或 double 类型可能会存在精度损失。

3.1.1 select 语句

在 SQL 中，我们可以使用 select 语句来对一个表进行查询操作。其中，select 是 SQL 中的关键字。select 语句是 SQL 所有语句中用得最多的一种语句，如果你能把 select 语句认真掌握好，那么说明离掌握 SQL 已经不远了。

▼ **语法**：

```
select 列名 from 表名;
```

▼ **说明**：

select 语句由"select 子句"和"from 子句"这两个部分组成。可能小伙伴们会觉得很奇怪：为什么这里除了"select 语句"这种叫法，还有"select 子句"这样的叫法呢？

实际上，select 语句是对"查询语句"的统称，它是由"子句"组合而成的。所谓的"子句"，指的是语句的一部分，不能单独使用。对于 select 语句来说，它包含的子句主要有 7 种，如表 3-3 所示。

表 3-3 select 语句的子句

子句	说明
select	查询哪些列
from	从哪个表查询
where	查询条件
group by	分组

（续）

子　句	说　明
having	分组条件
order by	排序
limit（MySQL 独有）	限制行数

从表 3-3 可以看出来，where、group by、order by 等其实都属于查询子句，它们都是配合 select 子句一起使用的。小伙伴们一定要深刻地理解这一点，这样在后续内容的学习中才会有清晰的学习思路。

▎ 举例：查询一列

```
select name from product;
```

运行结果如图 3-1 所示。

name
橡皮
尺子
铅笔
筷子
汤勺
盘子
衬衫
裙子
夹克
短裤

图 3-1

▎ 分析：

上面这条语句表示从 product 表中查询 name 这一列数据。其中"select name"是 select 子句，而"from product"是 from 子句，整个 select 语句是由 select 子句和 from 子句组成的。

对于 SQL 来说，它的关键字是不区分大小写的。所以对于这个例子来说，下面两种方式是等价的。不过对于初学者来说，我们更推荐使用方式 1，因为它更加直观。

```
-- 方式1
select name from product;

-- 方式2
SELECT name FROM product;
```

▶ 举例：查询多列

```
select name, type, price from product;
```

运行结果如图 3-2 所示。

name	type	price
橡皮	文具	2.5
尺子	文具	1.2
铅笔	文具	4.6
筷子	餐具	39.9
汤勺	餐具	12.5
盘子	餐具	89.0
衬衫	衣服	69.0
裙子	衣服	60.0
夹克	衣服	79.0
短裤	衣服	39.9

图 3-2

▶ 分析：

如果想要查询多列数据，我们只需要在 select 子句中把多个列名列举出来就可以了。其中，列名之间使用英文逗号（,）隔开。我们把 select 后面跟的东西称为"查询列表"，然后查询结果中列的顺序，是按照 select 子句中列名的顺序（也就是查询列表）来显示的。

对于这个例子来说，就是从 product 表中查询（提取）name、type、price 这 3 列数据，如图 3-3 所示。

id	name	type	city	price	rdate
1	橡皮	文具	广州	2.5	2022-03-19
2	尺子	文具	杭州	1.2	2022-01-21
3	铅笔	文具	杭州	4.6	2022-05-01
4	筷子	餐具	广州	39.9	2022-05-27
5	汤勺	餐具	杭州	12.5	2022-07-05
6	盘子	餐具	广州	89.0	2022-12-12
7	衬衫	衣服	广州	69.0	2022-08-11
8	裙子	衣服	杭州	60.0	2022-06-18
9	夹克	衣服	广州	79.0	2022-09-01
10	短裤	衣服	杭州	39.9	2022-10-24

获取这 3 列

图 3-3

如果我们改变列的顺序，比如改为下面这条语句，此时运行结果如图 3-4 所示。

```
select type, name, price from product;
```

type	name	price
文具	橡皮	2.5
文具	尺子	1.2
文具	铅笔	4.6
餐具	筷子	39.9
餐具	汤勺	12.5
餐具	盘子	89.0
衣服	衬衫	69.0
衣服	裙子	60.0
衣服	夹克	79.0
衣服	短裤	39.9

图 3-4

当然，同一个列名可以在查询列表中重复出现，比如下面这条 SQL 语句出现了两次"name"列（运行结果如图 3-5 所示）。像这种情况也是可行的，只不过在实际开发中，我们一般不会这样去做。

```
select name, name, price from product;
```

name	name(1)	price
橡皮	橡皮	2.5
尺子	尺子	1.2
铅笔	铅笔	4.6
筷子	筷子	39.9
汤勺	汤勺	12.5
盘子	盘子	89.0
衬衫	衬衫	69.0
裙子	裙子	60.0
夹克	夹克	79.0
短裤	短裤	39.9

图 3-5

▌ 举例：查询所有列

```
select * from product;
```

运行结果如图 3-6 所示。

id	name	type	city	price	rdate
1	橡皮	文具	广州	2.5	2022-03-19
2	尺子	文具	杭州	1.2	2022-01-21
3	铅笔	文具	杭州	4.6	2022-05-01
4	筷子	餐具	广州	39.9	2022-05-27
5	汤勺	餐具	杭州	12.5	2022-07-05
6	盘子	餐具	广州	89.0	2022-12-12
7	衬衫	衣服	广州	69.0	2022-08-11
8	裙子	衣服	杭州	60.0	2022-06-18
9	夹克	衣服	广州	79.0	2022-09-01
10	短裤	衣服	杭州	39.9	2022-10-24

图 3-6

▶ **分析：**

如果想要查询所有列，我们可以使用"*"来代替所有列。对于这个例子来说，下面两种方式是等价的。

```
-- 方式1
select * from product;

-- 方式2
select id, name, type, city, price, rdate from product;
```

查询所有列有上面两种方式。很明显，方式 1 比方式 2 更为简单，那是不是意味着更推荐使用方式 1 呢？恰恰相反，我们更推荐使用方式 2，原因有以下两点。

▶ **使用"*"，无法指定列的显示顺序。**

如果使用"*"来表示所有列，我们就无法指定列的显示顺序。此时结果中的列顺序是按照数据表中的列顺序来显示的。如果想要查询所有列，并且想要指定顺序，就需要在 select 子句中把每一个列名都列举出来才行，比如下面这样。

```
select id, city, type, name, price, rdate from product;
```

▶ **使用"*"，查询速度会变慢。**

想查询"部分列"的数据时，很多小伙伴习惯使用"*"来先查询所有列。如果表的数据量比较大，就会导致查询速度变慢。并且数据是需要从服务端传输到客户端的，也会导致传输速度变慢，从而影响用户体验。

即使需要查询表的所有列，我们也更推荐使用方式 2。因为方式 2 的查询速度略高于方式 1。对于方式 1 来说，它需要先转换成方式 2，再去执行。当然，本书为了讲解方便，例子中可能会使用"*"，但是在实际开发中，我们并不推荐这样去做。

3.1.2 特殊列名

如果列名中包含空格，此时应该怎么办呢？比如姓名这一列是"product name"（两个单词中间有一个空格）。可能小伙伴们会写出下面的 SQL 语句。

```
select product name from product;
```

实际上，上面这条语句是无效的。对于包含空格的列名，我们需要使用反引号（`）来把列名括起来。其中反引号在键盘左上方数字 1 的左边，切换到英文输入法状态下可以输入。

我们尝试在 Navicat for MySQL 中将 product 表中"name"这个列名改为"product name"，然后执行下面的 SQL 语句，此时结果如图 3-7 所示。

```
select `product name` from product;
```

product name
橡皮
尺子
铅笔
筷子
汤勺
盘子
衬衫
裙子
夹克
短裤

图 3-7

需要特别注意的是，对于特殊列名（比如包含空格或关键字），我们只能使用反引号括起来，而不能使用单引号或双引号。

```
-- 正确方式
select `product name` from product;

-- 错误方式
select 'product name' from product;

-- 错误方式
select "product name" from product;
```

为了方便后面内容的学习，小伙伴们需要手动把"product name"改回原来的"name"。记得一定要改过来，不然会影响后面的学习。

数据库差异性

不同 DBMS 对特殊列名的处理方式是不一样的。对于 MySQL 来说，我们需要使用反引号来把特殊列名括起来。

```
select `product name` from product;
```

对于 SQL Server 来说，我们需要在 SSMS（SQL Server Management Studio，SQL Server 管理平台）中使用"[ ]"把特殊列名括起来（如图 3-8 所示），否则会报错。

图 3-8

比如商品名称这一列的名字是"product name"，此时表结构中的列名应该写成"[product name]"。SQL 语句中，该列名也应该写成"[product name]"，而不能写成"product name"。

```
-- 正确
select [product name] from product;

-- 错误
select product name from product;
```

和其他 DBMS（如 MySQL、SQL Server 等）不一样，Oracle 中的列名是不允许包含特殊字符的。如果 Oracle 中的列名包含特殊字符，比如我们尝试将列名"name"改为"product name"，此时 Oracle 就会报错，如图 3-9 所示。

图 3-9

总结：在实际开发中，我们并不推荐使用包含特殊字符的列名，因为这样会导致各种预想不到的问题。

3.1.3 换行说明

如果一条 SQL 语句过长，我们可以使用换行的方式来分割它。一般情况下，我们根据这样一个规则来进行分割：**一个子句占据一行。**

比如 select name, type, price from product; 这条 SQL 语句，如果使用换行的方式，我们可以写成下面这样。

```
select name, type, price
from product;
```

需要注意的是，行与行之间不允许出现空行，否则会报错。比如写成下面这样就是错误的。

```
select name, type, price

from product;
```

总而言之，我们记住这么一点就可以了：如果 SQL 语句比较短，只在一行写就可以了；如果 SQL 语句比较长，则可以使用以"子句"为单位进行换行的方式来书写。

常见问题

1. 对于很多书中提到的"字段""记录"这些概念，我们应该怎么理解呢？

在 SQL 中，列也叫作"字段"，一列也叫作"一个字段"，列名就叫作"字段名"；行也叫作"记录"，一行数据也叫作"一条记录"，有多少行数据就叫作"多少条记录"，如图 3-10 所示。

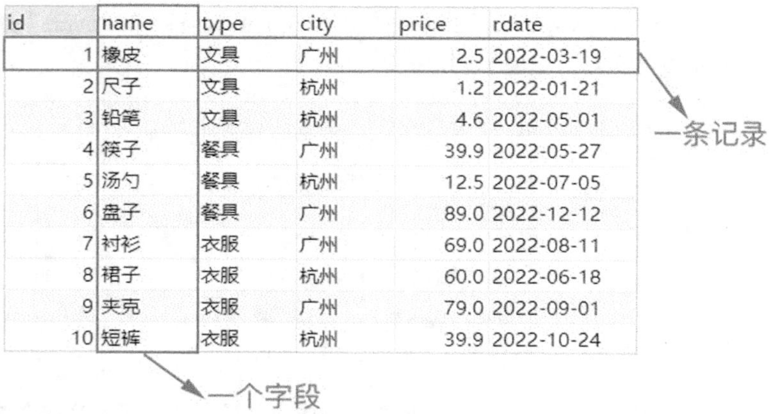

id	name	type	city	price	rdate
1	橡皮	文具	广州	2.5	2022-03-19
2	尺子	文具	杭州	1.2	2022-01-21
3	铅笔	文具	杭州	4.6	2022-05-01
4	筷子	餐具	广州	39.9	2022-05-27
5	汤勺	餐具	杭州	12.5	2022-07-05
6	盘子	餐具	广州	89.0	2022-12-12
7	衬衫	衣服	广州	69.0	2022-08-11
8	裙子	衣服	杭州	60.0	2022-06-18
9	夹克	衣服	广州	79.0	2022-09-01
10	短裤	衣服	杭州	39.9	2022-10-24

→ 一条记录
↓ 一个字段

图 3-10

字段和记录这两个概念非常重要，在很多地方都会运用，小伙伴们一定要搞清楚它们指的是什么。

2. 对于表的命名，为什么使用单数，而不是复数呢？

在实际开发中，我们应该遵守这样一个规则：**表名应该使用单数，而不是复数**。比如商品信息表应该命名为"product"，而不是"products"；而学生信息表应该命名为"student"，而不是"students"。

可能小伙伴们会觉得很奇怪，商品信息表一般包含多种商品，应该命名为 products 才对啊！实际上，这样理解是不正确的。

如果大家接触过其他编程语言（如 C++、Java、Python 等），肯定了解过类的定义。实际上，一个数据表就相当于一个类，而一个列就相当于类的一个属性。对于类来说，它是一个抽象的概念，我们在定义的时候，使用的是单数，而不是复数。

这样去对比理解，其实就很容易清楚为什么表名应该使用单数。因为表名就相当于类名，列名就相当于属性名。

3.2 使用别名：as

3.2.1 as 关键字

在使用 SQL 查询数据时，我们可以使用 as 关键字来给列起一个别名。别名的作用是增强代码和查询结果的可读性。

▼ 语法：

```
select 列名 as 别名
from 表名;
```

▼ 说明：

在实际开发中，一般建议在以下几种情况中使用别名。对于内置函数、多表查询，我们在后续章节中会详细介绍。

- 列名比较长或可读性差。
- 使用内置函数。
- 用于多表查询。
- 需要把两个或更多的列放在一起。

▌ 举例：英文别名

```sql
select name as product_name
from product;
```

运行结果如图 3-11 所示。

product_name
橡皮
尺子
铅笔
筷子
汤勺
盘子
衬衫
裙子
夹克
短裤

图 3-11

▌ 分析：

使用 as 来指定别名之后，查询结果中列名就从 name 变成了 product_name。需要清楚的是，as 关键字是可以省略的。下面两种方式是等价的。

```sql
-- 方式1
select name as product_name
from product;

-- 方式2
select name product_name
from product;
```

不过在实际开发中，我们更推荐把 as 关键字加上，这样可以使代码的可读性更高。如果把 as 关键字省略，很多时候并不能一下子看懂语句是什么意思。

▌ 举例：中文别名

```sql
select name as 名称
from product;
```

运行结果如图 3-12 所示。

名称
橡皮
尺子
铅笔
筷子
汤勺
盘子
衬衫
裙子
夹克
短裤

图 3-12

分析：

除了可以指定英文别名，还可以指定中文别名。不过需要注意的是，别名只在本次查询的结果中显示，并不会改变真实表中的列名。我们在 Navicat for MySQL 中打开 product 表，会发现列名并未改变，如图 3-13 所示。

id	name	type	city	price	rdate
1	橡皮	文具	广州	2.5	2022-03-19
2	尺子	文具	杭州	1.2	2022-01-21
3	铅笔	文具	杭州	4.6	2022-05-01
4	筷子	餐具	广州	39.9	2022-05-27
5	汤勺	餐具	杭州	12.5	2022-07-05
6	盘子	餐具	广州	89.0	2022-12-12
7	衬衫	衣服	广州	69.0	2022-08-11
8	裙子	衣服	杭州	60.0	2022-06-18
9	夹克	衣服	广州	79.0	2022-09-01
10	短裤	衣服	杭州	39.9	2022-10-24

图 3-13

举例：为多个列指定别名

```
select name as 名称, type as 类型, price as 售价
from product;
```

运行结果如图 3-14 所示。

名称	类型	售价
橡皮	文具	2.5
尺子	文具	1.2
铅笔	文具	4.6
筷子	餐具	39.9
汤勺	餐具	12.5
盘子	餐具	89.0
衬衫	衣服	69.0
裙子	衣服	60.0
夹克	衣服	79.0
短裤	衣服	39.9

图 3-14

▶ **分析：**

如果需要指定别名的列比较多，我们可以分行来写。对于这个例子来说，可以写成下面这样。

```
select name as 名称,
       type as 类型,
       price as 售价
from product;
```

3.2.2 特殊别名

在使用 as 关键字起别名时，如果别名中包含关键字或者特殊字符，比如空格、加号、减号等，那么该别名必须使用英文双引号括起来。

MySQL、SQL Server、Oracle 都是这样处理的：**英文单引号用于表示字符串，英文双引号用于表示列名，而别名本身就相当于列名。**

▶ **举例：包含空格**

```
select name as "商品 名称"
from product;
```

运行结果如图 3-15 所示。

商品 名称
橡皮
尺子
铅笔
筷子
汤勺
盘子
衬衫
裙子
夹克
短裤

图 3-15

▌ 分析：

在这个例子中，由于别名包含空格，所以我们必须使用英文双引号括起来，否则会有问题。下面这种写法是错误的。

```
-- 错误写法
select name as 商品 名称
from product;
```

需要注意的是，这里的引号必须是双引号，而不允许是单引号或者反引号。由于列名的别名本身还充当列的名字，所以我们应该使用英文双引号。

```
-- 正确
select name as "商品 名称"
from product;

-- 错误
select name as '商品 名称'
from product;

-- 错误
select name as `商品 名称`
from product;
```

▌ 举例：包含"-"

```
select name as "product-name"
from product;
```

运行结果如图 3-16 所示。

product-name
橡皮
尺子
铅笔
筷子
汤勺
盘子
衬衫
裙子
夹克
短裤

图 3-16

▶ **分析：**

使用 as 关键字来指定别名，在实际开发中非常有用。比如当对多个列进行计算时，计算之后会产生一个新列，此时我们可以使用 as 关键字来为这个新列指定一个名字。如果不指定别名，那么默认列名就是 SQL 自己处理的名字，阅读体验并不是很好。

不同数据表中可能存在相同的列名（如 id、name 等），当我们同时对多个表进行查询操作时，结果中可能会出现相同的列名，这种情况很容易给人造成困惑。所以，此时使用 as 关键字来指定别名就非常有用。

常见问题

1. 对于中文别名来说，我们是否有必要使用引号括起来呢？

对于 SQL 来说，如果想要起一个中文别名，我们其实是没有必要使用引号括起来的。当然，使用引号括起来也没有问题。

2. as 关键字是不是只能给列起一个别名？我们能否给表也起一个别名呢？

很多小伙伴只知道 as 关键字可以给列起一个别名，实际上它还可以给表起一个别名。只不过对于单表查询，一般我们不会这样去做。

不过对于多表查询，如果表名比较复杂，此时给表起一个别名就非常有用，这样可以让我们的代码更加直观。

3.3 条件子句：where

在 SQL 中，我们可以使用 where 子句来指定查询的条件。其中，where 子句都是配合 select 子句使用的。

▶ **语法**：
```
select 列名
from 表名
where 条件;
```

▶ **说明**：

对于 where 子句来说，它一般都是需要结合运算符来使用的，主要包括以下 3 种。
- 比较运算符
- 逻辑运算符
- 其他运算符

3.3.1 比较运算符

在 where 子句中，我们可以使用比较运算符来指定查询的条件。其中，常用的比较运算符如表 3-4 所示。

表 3-4 常用的比较运算符

运算符	说明
>	大于
<	小于
=	等于
>=	大于或等于
<=	小于或等于
!>	不大于（相当于 <=）
!<	不小于（相当于 >=）
!= 或 <>	不等于

对于 SQL 中的运算符，我们需要清楚以下 3 点。
- 对于"等于"来说，SQL 使用的是"="而不是"=="，这一点和其他编程语言不同。
- 对于"不等于"来说，SQL 有两种表示方式："!="和"<>"。
- 运算符"<="中的"<"和"="之间不能有空格，类似的还有 >=、== 和 !=。

▶ **举例：等于（数字）**

```
select name, price
from product
where price = 2.5;
```

运行结果如图 3-17 所示。

name	price
橡皮	2.5

图 3-17

▶ **分析**：

对于这个例子来说，它其实是获取 price 等于 2.5 的所有记录。对于等号来说，它不仅可以用于对数字的判断，也可以用于对字符串的判断，请看下面的例子。

▶ **举例：等于（字符串）**

```
select name, price
from product
where name = '尺子';
```

运行结果如图 3-18 所示。

name	price
尺子	1.2

图 3-18

▶ **分析**：

需要注意的是，name 这个列的值类型是一个字符串，所以 '尺子' 两边的英文引号是不能去掉的。

```
-- 正确方式
select name, price
from product
where name = '尺子';

-- 错误方式
select name, price
from product
where name = 尺子;
```

▶ **举例：大于或小于**

```
select name, price
from product
where price > 20;
```

运行结果如图 3-19 所示。

name	price
筷子	39.9
盘子	89.0
衬衫	69.0
裙子	60.0
夹克	79.0
短裤	39.9

图 3-19

▶ 分析：

price>20 表示查询 price 大于 20 的所有记录。当我们把 price>20 改为 price<=20 之后，运行结果如图 3-20 所示。

name	price
橡皮	2.5
尺子	1.2
铅笔	4.6
汤勺	12.5

图 3-20

▶ 举例：日期时间

```
select name, rdate
from product
where rdate <= '2022-06-01';
```

运行结果如图 3-21 所示。

name	rdate
橡皮	2022-03-19
尺子	2022-01-21
铅笔	2022-05-01
筷子	2022-05-27

图 3-21

▶ 分析：

比较运算符同样可以用于日期时间型数据，rdate<='2022-06-01' 表示查询 rdate 小于或等于 '2022-06-01' 的所有记录。

当比较运算符用于日期时间型数据时，我们需要清楚以下 3 点。

- 小于某个日期时间，指的是在该日期时间之前。
- 大于某个日期时间，指的是在该日期时间之后。
- 等于某个日期时间，指的是处于该日期时间。

> **数据库差异性**
>
> 对于 MySQL 和 SQL Server 来说，它们的日期时间型数据可以和字符串直接比较。但是对于 Oracle 来说，我们需要先使用 Oracle 内置的 to_date() 函数将字符串转换为日期时间型数据，然后才能进行比较。
>
> ```
> -- MySQL和SQL Server
> select name, rdate
> from product
> where rdate <= '2022-06-01';
>
> -- Oracle
> select name, rdate
> from product
> where rdate <= to_date('2022-06-01', 'YYYY-MM-DD');
> ```

3.3.2 逻辑运算符

在 where 子句中，如果需要同时指定多个查询条件，此时就需要使用逻辑运算符。在 SQL 中，常见的逻辑运算符有 3 种，如表 3-5 所示。

表 3-5 常见的逻辑运算符

运算符	说明
and	与
or	或
not	非

对于"与运算"来说，我们使用 and 关键字来表示。如果执行的是 where A and B，那么要求 A 和 B 这两个条件同时为真（true），where 子句才会返回真。

对于"或运算"来说，我们使用 or 关键字来表示。如果执行的是 where A or B，那么只要 A 和 B 这两个条件有一个为真，where 子句就会返回真。

对于"非运算"来说，我们使用 not 关键字来表示。如果执行的是 where not price>20，那么相当于执行 where price<=20。

▶ 举例：与运算

```
select name, price
from product
where price > 20 and price < 40;
```

运行结果如图 3-22 所示。

name	price
筷子	39.9
短裤	39.9

图 3-22

▶ 分析：

上面这条 SQL 语句表示查询 price 大于 20 且小于 40 的所有记录。也就是说，需要同时满足 price>20 和 price<40 这两个条件，该条记录（也就是该行数据）才会被查询出来。

如果想要指定更多的条件，我们使用更多的 and 即可。比如执行下面这条语句，运行结果如图 3-23 所示。

```
select name, price
from product
where price > 20 and price < 40 and type = '餐具';
```

name	price
筷子	39.9

图 3-23

▶ 举例：或运算

```
select name, price
from product
where price < 20 or price > 40;
```

运行结果如图 3-24 所示。

name	price
橡皮	2.5
尺子	1.2
铅笔	4.6
汤勺	12.5
盘子	89.0
衬衫	69.0
裙子	60.0
夹克	79.0

图 3-24

▶ **分析：**

上面这条 SQL 语句表示查询 price 小于 20 或者大于 40 的所有记录。也就是说，只要满足 price<20 和 price>40 这两个条件的任意一个，该条记录就会被查询出来。

▶ **举例：非运算**

```
select name, price
from product
where not price > 20;
```

运行结果如图 3-25 所示。

name	price
橡皮	2.5
尺子	1.2
铅笔	4.6
汤勺	12.5

图 3-25

▶ **分析：**

上面这条 SQL 语句表示查询 price 不大于 20 的所有记录。对于这个例子来说，它可以等价于下面这条 SQL 语句。

```
select name, price
from product
where price <= 20;
```

not 运算符用于否定某一个条件，但很多时候不使用 not 运算符的查询条件可读性更好，比如 where price<=20 就比 where not price>20 更容易理解。即便如此，我们也不能完全否定 not 运算符的作用。实际上，在编写复杂的 SQL 语句时，not 运算符还是非常有用的。

数据库差异性

对于 MySQL 来说，它的逻辑运算符有两种写法：一种是"关键字"，如表 3-6 所示；另一种是"符号"，如表 3-7 所示。

表 3-6 关键字

运 算 符	说　　明
and	与
or	或
not	非

表 3-7 符号

运 算 符	说 明
&&	与
||	或
!	非

"符号"这种写法只适用于 MySQL，而不适用于 SQL Server 和 Oracle。所以为了统一规范，对于逻辑运算符，我们推荐使用"关键字"这种写法。

3.3.3 其他运算符

除了比较运算符和逻辑运算符之外，SQL 还有一些其他的运算符，如表 3-8 所示。这些运算符也是非常重要的，小伙伴们也要认真掌握。

表 3-8 其他的运算符

运 算 符	说 明
is null 或 isnull	是否值为 NULL
is not null	是否值不为 NULL
in	是否为列表中的值
not in	是否不为列表中的值
between A and B	是否处于 A 和 B 之间
not between A and B	是否不处于 A 和 B 之间

1. is null 和 is not null

当某一个字段（即某一列）没有录入数据（也就是数据为空）时，该字段的值就是 NULL（或 null）。特别注意一点，NULL 代表该字段没有值，而不是代表该字段的值为 0 或 "（空字符串）。

接下来我们创建一个名为"product_miss"的表，专门用于测试 is null 和 is not null 这两种运算符。product_miss 表的结构如表 3-9 所示，其数据如表 3-10 所示。

表 3-9 product_miss 表的结构

列 名	类 型	长 度	小 数 点	允许 NULL	是否主键	注 释
id	int			×	√	商品编号
name	varchar	10		√	×	商品名称
type	varchar	10		√	×	商品类型

（续）

列　　名	类　　型	长　　度	小　数　点	允许 NULL	是否主键	注　　释
city	varchar	10		√	×	来源城市
price	decimal	5	1	√	×	出售价格
rdate	date			√	×	入库时间

表 3-10　product_miss 表的数据

id	name	type	city	price	rdate
1	橡皮	文具	广州	2.5	2022-03-19
2	尺子	文具	杭州	NULL	2022-01-21
3	铅笔	NULL	杭州	4.6	2022-05-01
4	筷子	NULL	广州	39.9	2022-05-27
5	汤勺	餐具	杭州	NULL	2022-07-05
6	盘子	餐具	广州	89.0	2022-12-12
7	衬衫	NULL	广州	69.0	2022-08-11
8	裙子	衣服	杭州	NULL	2022-06-18
9	夹克	衣服	广州	79.0	2022-09-01
10	短裤	衣服	杭州	39.9	2022-10-24

▶ **举例**：is null

```
select *
from product_miss
where price is null;
```

运行结果如图 3-26 所示。

id	name	type	city	price	rdate
2	尺子	文具	杭州	(Null)	2022-01-21
5	汤勺	餐具	杭州	(Null)	2022-07-05
8	裙子	衣服	杭州	(Null)	2022-06-18

图 3-26

▶ **分析**：

如果想要判断某一列的值是否为 NULL，不允许使用 "=" 或 "!=" 这样的比较运算符，而必须使用 is null 或 is not null 这种运算符。小伙伴们自行试一下 where price=null 这种方式就知道了。

```
-- 正确
select *
from product_miss
where price is null;

-- 错误
select *
from product_miss
where price = null;
```

对于这个例子来说，如果将 is null 改为 is not null，此时运行结果如图 3-27 所示。其中，is null 和 is not null 的操作是相反的。

id	name	type	city	price	rdate
1	橡皮	文具	广州	2.5	2022-03-19
3	铅笔	(Null)	杭州	4.6	2022-05-01
4	筷子	(Null)	广州	39.9	2022-05-27
6	盘子	餐具	广州	89.0	2022-12-12
7	衬衫	(Null)	广州	69.0	2022-08-11
9	夹克	衣服	广州	79.0	2022-09-01
10	短裤	衣服	杭州	39.9	2022-10-24

图 3-27

2. in 和 not in

在 SQL 中，我们可以使用 in 运算符来判断列表中是否"存在"某个值，也可以使用 not in 运算符来判断列表中是否"不存在"某个值。其中，in 和 not in 的操作是相反的。

▶ **语法**：

```
where 列名 in (值1, 值2, ..., 值n)
```

▶ **说明**：

对于值列表来说，我们需要使用"()"括起来，并且值与值之间使用","隔开。

▶ **举例**：

```
select name, price
from product
where name in ('橡皮', '尺子', '铅笔');
```

运行结果如图 3-28 所示。

name	price
橡皮	2.5
尺子	1.2
铅笔	4.6

图 3-28

▶ **分析**：

where name in ('橡皮', '尺子', '铅笔') 表示判断 name 的值是否为 '橡皮'、'尺子'、'铅笔' 中的任意一个。如果是，则满足条件。

上面例子等价于下面的 SQL 语句。很明显，in 运算符这种方式更简单。

```
select name, price
from product
where name = '橡皮' or name = '尺子' or name = '铅笔';
```

对于这个例子来说，如果我们把 in 改为 not in，此时运行结果如图 3-29 所示。

name	price
筷子	39.9
汤勺	12.5
盘子	89.0
衬衫	69.0
裙子	60.0
夹克	79.0
短裤	39.9

图 3-29

在实际开发中，如果想要查询某些值之外的值，not in 运算符就非常有用了，小伙伴们一定要学会灵活应用才行。

3. between...and... 和 not between...and...

在 SQL 中，如果想要判断某一列的值是否在某个范围之间，我们可以使用 between...and... 运算符来实现。

▶ **语法**：

```
where 列名 between 值1 and 值2
```

▶ **说明**：

between A and B 的取值范围为 [A, B]，包含 A 也包含 B。

▶ **举例**：

```
select name, price
from product
where price between 20 and 40;
```

运行结果如图 3-30 所示。

name	price
筷子	39.9
短裤	39.9

图 3-30

▶ 分析：

上面这条 SQL 语句用于查询 price 为 20～40 的所有记录。对于这个例子来说，下面两种方式是等价的。

```
-- 方式1
select name, price
from product
where price between 20 and 40;
-- 方式2
select name, price
from product
where price >= 20 and price <= 40;
```

其中，方式 1 比方式 2 更加直观。在实际开发中，我们也更推荐使用方式 1。

对于这个例子来说，如果把 between...and... 改为 not between...and...，此时运行结果如图 3-31 所示。

name	price
橡皮	2.5
尺子	1.2
铅笔	4.6
汤勺	12.5
盘子	89.0
衬衫	69.0
裙子	60.0
夹克	79.0

图 3-31

▶ 举例：用于判断日期时间型数据

```
select name, rdate
from product
where rdate between '2022-01-01' and '2022-06-01';
```

运行结果如图 3-32 所示。

name	rdate
橡皮	2022-03-19
尺子	2022-01-21
铅笔	2022-05-01
筷子	2022-05-27

图 3-32

▌ **分析**：

between...and... 同样可以用于判断日期时间型数据。where rdate between '2022-01-01' and '2022-06-01' 表示获取 rdate 处于"2022-01-01"和"2022-06-01"之间的数据。

3.3.4 运算符优先级

所谓的优先级，也就是执行顺序。我们知道，数学中的加、减、乘、除运算是有一定优先级的。比如先算括号里的，然后算"乘、除"，最后才算"加、减"。

在 SQL 中，运算符也是有优先级的。规则很简单：**优先级高的先运算，优先级低的后运算，优先级相同的则从左到右进行运算**。对于运算符优先级，我们只需要清楚以下两个规则就可以了。

- 对于算术运算来说，"乘除"比"加减"优先级要高。
- 对于逻辑运算来说，非（not）＞与（and）＞或（or）。

▌ **举例**：

```
select name, city, price
from product
where city = '广州' and price < 20 or price > 40;
```

运行结果如图 3-33 所示。

name	city	price
橡皮	广州	2.5
盘子	广州	89.0
衬衫	广州	69.0
裙子	杭州	60.0
夹克	广州	79.0

图 3-33

▌ **分析**：

由于与运算（and）的优先级比或运算（or）的高，所以上面这条 SQL 语句等价于下面的 SQL 语句。

```
select name, city, price
from product
where (city = '广州' and price < 20) or price > 40;
```

虽然不加"()"也没有关系,但是在实际开发中,我们建议加上一些必要的"()",这样可以让代码的可读性更高。

> **常见问题**
>
> **1. 对于 SQL 中的字符串来说,我们应该使用英文单引号还是英文双引号呢?**
>
> 对于 MySQL 来说,字符串既可以使用英文单引号来表示,也可以使用英文双引号来表示。但是在实际开发中,我们更建议使用英文单引号来表示。为什么要这样建议呢?
>
> 这是因为对于其他 DBMS(如 SQL Server 和 Oracle)来说,它们只能使用英文单引号来表示字符串,如果使用英文双引号来表示,就会报错。所以为了统一规范,在所有的 DBMS 中,我们都建议使用英文单引号来表示字符串。
>
> 英文双引号在 SQL 中用得比较少,小伙伴们不要搞那么多新花样,不然可能会导致各种意想不到的问题。
>
> **2. 对于 select 语句来说,from 子句是必要的吗?**
>
> 从前文可知,select 语句一般是由"select 子句"和"from 子句"组成的。但实际上,对于 select 语句来说,from 子句并不是必要的,我们完全可以单独使用 select 子句。
>
> 如果只使用 select 子句而没有使用 from 子句,那么它代表的就不是从数据表中查询数据了,而是用于单独进行计算。计算的结果会使用表格来展示,其中列名就是该 select 子句的表达式。比如执行下面这条语句,此时运行结果如图 3-34 所示。
>
> ```
> select 1000 + 2000;
> ```
>
> | 1000+2000 |
> |---|
> | 3000 |
>
> 图 3-34
>
> 当然,我们也可以使用 as 关键字来改变默认的列名。比如执行下面这条语句,此时运行结果如图 3-35 所示。
>
> ```
> select 1000 + 2000 as '计算结果';
> ```
>
> | 计算结果 |
> |---|
> | 3000 |
>
> 图 3-35
>
> 这里我们只需要简单了解一下某些 DBMS 中的 from 子句并不是必要的就可以了。在实际开发中,我们很少会单独去使用 select 子句。

3.4 排序子句：order by

3.4.1 order by 子句

在 SQL 中，我们可以使用 order by 子句来对某一列按大小排序。其中，order 子句是作为 select 语句的一部分来使用的。

▶ **语法：**

```
select 列名
from 表名
order by 列名 asc或desc;
```

▶ **分析：**

asc 表示升序排列，也就是从小到大排列。desc 表示降序排列，也就是从大到小排列。其中，asc 是 "ascend"（上升）的缩写，而 desc 是 "descend"（下降）的缩写。

▶ **举例：升序排列**

```
select name, price
from product
order by price asc;
```

运行结果如图 3-36 所示。

name	price
尺子	1.2
橡皮	2.5
铅笔	4.6
汤勺	12.5
筷子	39.9
短裤	39.9
裙子	60.0
衬衫	69.0
夹克	79.0
盘子	89.0

图 3-36

▶ 分析：

如果你想要使用升序排列，那么后面的 asc 是可以省略的。对于这个例子来说，下面两种方式是等价的。

```
-- 不省略asc
select name, price
from product
order by price asc;

-- 省略asc
select name, price
from product
order by price;
```

▶ 举例：降序排列

```
select name, price
from product
order by price desc;
```

运行结果如图 3-37 所示。

name	price
盘子	89.0
夹克	79.0
衬衫	69.0
裙子	60.0
筷子	39.9
短裤	39.9
汤勺	12.5
铅笔	4.6
橡皮	2.5
尺子	1.2

图 3-37

▶ 分析：

对于升序排列来说，后面的 asc 可以省略。但对于降序排列来说，后面的 desc 是不允许省略的。

▶ 举例：对多列排序

```
select name, price, rdate
from product
order by price desc, rdate desc;
```

运行结果如图 3-38 所示。

name	price	rdate
盘子	89.0	2022-12-12
夹克	79.0	2022-09-01
衬衫	69.0	2022-08-11
裙子	60.0	2022-06-18
短裤	39.9	2022-10-24
筷子	39.9	2022-05-27
汤勺	12.5	2022-07-05
铅笔	4.6	2022-05-01
橡皮	2.5	2022-03-19
尺子	1.2	2022-01-21

图 3-38

▶ **分析：**

上面这条 SQL 语句，表示同时对 price 和 rdate 这两列进行降序排列。由于这里执行的是多列排序，首先会对 price 这一列进行排序。排序好之后，如果两个商品的 price 相同的话，再对 rdate 进行排序。

由于 asc 和 desc 这两个关键字是以列为单位指定的，所以可以同时指定一个列为降序排列，而指定另一个列为升序排列，这样也是可行的，比如下面这样的写法。

```
select name, price, rdate
from product
order by price asc, rdate desc;
```

▶ **举例：使用别名**

```
select name as 名称, price as 售价
from product
order by 售价 desc;
```

运行结果如图 3-39 所示。

名称	售价
盘子	89.0
夹克	79.0
衬衫	69.0
裙子	60.0
筷子	39.9
短裤	39.9
汤勺	12.5
铅笔	4.6
橡皮	2.5
尺子	1.2

图 3-39

分析：

如果我们在 select 子句中给列名起了一个别名，那么在 order by 子句中可以使用这个别名来代替原来的列名。当然，在 order by 子句中，不管是使用原名还是别名，得到的结果都是一样的。

对于这个例子来说，下面两种方式的查询结果是一样的。

```
-- 使用原名
select name as 名称, price as 售价
from product
order by price desc;

-- 使用别名
select name as 名称, price as 售价
from product
order by 售价 desc;
```

举例：对日期时间排序

```
select name, rdate
from product
order by rdate desc;
```

运行结果如图 3-40 所示。

name	rdate
盘子	2022-12-12
短裤	2022-10-24
夹克	2022-09-01
衬衫	2022-08-11
汤勺	2022-07-05
裙子	2022-06-18
筷子	2022-05-27
铅笔	2022-05-01
橡皮	2022-03-19
尺子	2022-01-21

图 3-40

分析：

order by 同样可以对日期时间型数据进行排序。

举例：结合 where 子句

```
select name, price
from product
where price < 10
order by price desc;
```

运行结果如图 3-41 所示。

name	price
铅笔	4.6
橡皮	2.5
尺子	1.2

图 3-41

▌ **分析**：

order by 子句可以结合 where 子句来使用，其中 order by 子句必须放在 where 子句的后面。首先执行 where 子句来筛选数据，然后执行 order by 子句来排序。

3.4.2 中文字符串字段排序

默认情况下 MySQL 使用的是 UTF-8 字符集，此时对于中文字符串字段的排序，并不会按照中文拼音来进行排序。如果想要按照中文拼音来排序，我们需要借助 convert() 函数来实现。

▌ **语法**：

```
order by convert(列名 using gbk);
```

▌ **说明**：

convert(列名 using gbk) 表示强制该列使用 GBK 字符集。

▌ **举例：默认情况**

```
select name, price
from product
order by name;
```

运行结果如图 3-42 所示。

name	price
夹克	79.0
尺子	1.2
橡皮	2.5
汤勺	12.5
盘子	89.0
短裤	39.9
筷子	39.9
衬衫	69.0
裙子	60.0
铅笔	4.6

图 3-42

▼ 分析：

从运行结果可以看出来，name 这一列并没有按照中文拼音进行排序。

▼ 举例：使用 convert()

```
select name, price
from product
order by convert(name using gbk);
```

运行结果如图 3-43 所示。

name	price
衬衫	69.0
尺子	1.2
短裤	39.9
夹克	79.0
筷子	39.9
盘子	89.0
铅笔	4.6
裙子	60.0
汤勺	12.5
橡皮	2.5

图 3-43

▼ 分析：

使用 convert() 函数之后，name 这一列就会按照中文拼音进行排序。如果想要降序排列，可以在后面加上 desc。

数据库差异性

对于中文字符串字段的排序，不同 DBMS 的语法是不一样的。下面补充说明一下 SQL Server 和 Oracle 的语法。

▶ SQL Server。

对于 SQL Server 来说，对于中文字符串字段的排序，默认情况下会直接按照中文拼音来排序。

▼ 举例：

```
select name, price
from product
order by name;
```

运行结果如图 3-44 所示。

name	price
衬衫	69.0
尺子	1.2
短裤	39.9
夹克	79.0
筷子	39.9
盘子	89.0
铅笔	4.6
裙子	60.0
汤勺	12.5
橡皮	2.5

图 3-44

▶ **分析**：

从运行结果可以看出来，name 这一列已经按照中文拼音进行排序了。

▶ Oracle。

对于 Oracle 来说，默认情况下并不能直接使用 order by 来对中文字符串字段进行排序。如果想要对中文字符串字段进行排序，我们需要结合 Oracle 自带的 nlssort() 函数来实现。

▶ **语法**：

```
-- 按照拼音排序
order by nlssort(列名, 'nls_sort=schinese_pinyin_m')

-- 按照笔画排序
order by nlssort(列名, 'nls_sort=schinese_stroke_m')

-- 按照部首排序
order by nlssort(列名, 'nls_sort=schinese_radical_m')
```

▶ **说明**：

在实际开发中，一般都是按照拼音排序，很少会按照笔画或部首排序。

▶ **举例：按照拼音排序**

```
select name, price
from product
order by nlssort(name, 'nls_sort=schinese_pinyin_m');
```

运行结果如图 3-45 所示。

NAME	PRICE
衬衫	69.0
尺子	1.2
短裤	39.9
夹克	79.0
筷子	39.9
盘子	89.0
铅笔	4.6
裙子	60.0
汤勺	12.5
橡皮	2.5

图 3-45

▶ 举例：按照笔画排序

select name, price
from product
order by nlssort(name, 'nls_sort=schinese_stroke_m');

运行结果如图 3-46 所示。

NAME	PRICE
尺子	1.2
夹克	79.0
汤勺	12.5
衬衫	69.0
铅笔	4.6
盘子	89.0
短裤	39.9
裙子	60.0
筷子	39.9
橡皮	2.5

图 3-46

▶ 举例：按照部首排序

select name, price
from product
order by nlssort(name, 'nls_sort=schinese_radical_m');

运行结果如图 3-47 所示。

NAME		PRICE
夹克	...	79.0
尺子	...	1.2
橡皮	...	2.5
汤勺	...	12.5
盘子	...	89.0
短裤	...	39.9
筷子	...	39.9
衬衫	...	69.0
裙子	...	60.0
铅笔	...	4.6

图 3-47

常见问题

1. SQL 能不能对字符串列进行排序呢，还是说只能对数字列进行排序？

数字是可以比较大小的，所以我们可以对数字列进行排序。实际上字符串也是可以比较大小的，所以 SQL 同样能对字符串列进行排序。

比较两个字符串的大小，其实就是依次比较每个字符的 ASCII。先比较两者的第 1 个字符，第 1 个字符较大的，就代表整个字符串大，后面就不用再比较了。如果两者的第 1 个字符相同，就接着比较第 2 个字符，第 2 个字符较大的，就代表整个字符串大，以此类推。

两个字符比较的是 ASCII 的大小。对于 ASCII，小伙伴们可以自行搜索一下，这里就不展开介绍了。注意，空格在字符串中也是被当成一个字符来处理的。

2. 当使用 order by 进行排序时，NULL 值是如何处理的呢？

如果存在 NULL 值，升序排列时会将有 NULL 值的行显示在最前面，降序排列时会将有 NULL 值的行显示在最后面。你可以这样理解：NULL 是该列的最小值。

3.5 限制行数：limit

3.5.1 limit 子句

默认情况下，select 语句会把符合条件的"所有行（即所有记录）"都查询出来。如果得到的结果有 100 条记录，而我们只需要获取前 10 条记录，此时应该怎么办呢？

对于 MySQL 来说，我们可以使用 limit 这个关键字来获取前 n 行数据。

▌**语法**：

```
select 列名
from 表名
limit n;
```

▌**说明**：

如果 select 语句有 where 子句或 order by 子句，则 limit n 需要放在最后。

▌**举例：获取前 n 行**

```
select name, price
from product
limit 5;
```

运行结果如图 3-48 所示。

name	price
橡皮	2.5
尺子	1.2
铅笔	4.6
筷子	39.9
汤勺	12.5

图 3-48

▌**分析**：

limit 5 表示只获取查询结果的前 5 行数据。对于这个例子来说，如果把 limit 5 去掉，也就是没有了行数限制，此时结果如图 3-49 所示。

name	price
橡皮	2.5
尺子	1.2
铅笔	4.6
筷子	39.9
汤勺	12.5
盘子	89.0
衬衫	69.0
裙子	60.0
夹克	79.0
短裤	39.9

图 3-49

▌举例：结合 where 子句

```
select name, price
from product
where price > 10
limit 5;
```

运行结果如图 3-50 所示。

name	price
筷子	39.9
汤勺	12.5
盘子	89.0
衬衫	69.0
裙子	60.0

图 3-50

▌分析：

where price>10 表示获取 price 大于 10 的所有记录。对于这个例子来说，如果把 limit 5 去掉，也就是没有了行数限制，此时结果如图 3-51 所示。

name	price
筷子	39.9
汤勺	12.5
盘子	89.0
衬衫	69.0
裙子	60.0
夹克	79.0
短裤	39.9

图 3-51

▌举例：结合 order by 子句

```
select name, price
from product
order by price desc
limit 5;
```

运行结果如图 3-52 所示。

name	price
盘子	89.0
夹克	79.0
衬衫	69.0
裙子	60.0
筷子	39.9

图 3-52

▌分析：

对于这个例子来说，首先使用 order by 子句来对 price 这一列进行降序排列，然后使用 limit 5 来获取前 5 条记录，此时得到的就是售价最高的前 5 条记录了。

如果想要获取售价最低的前 5 条记录，只需要先对 price 进行升序排列，再使用 limit 5 就可以了。实现代码如下，其运行结果如图 3-53 所示。

```
select name, price
from product
order by price asc
limit 5;
```

name	price
尺子	1.2
橡皮	2.5
铅笔	4.6
汤勺	12.5
筷子	39.9

图 3-53

3.5.2 深入了解

想要获取售价最高的前 5 条记录，使用 limit 关键字就可以很轻松地实现。但是如果让你获取售价最高的第 2 ~ 5 条记录，此时又应该怎么实现呢？

其实像这种情况，我们也是使用 limit 关键字来实现的，只不过语法稍微有点儿不一样。

▌语法：

```
limit start, n
```

▌说明：

start 表示开始位置，默认是 0。n 表示获取 n 条记录。

▌举例：获取第 2 ~ 5 条记录

```
select name, price
from product
order by price desc
limit 1, 4;
```

运行结果如图 3-54 所示。

name	price
夹克	79.0
衬衫	69.0
裙子	60.0
筷子	39.9

图 3-54

▌分析：

执行了 order by price desc 之后，我们得到了一个对 price 进行降序排列的结果。然后 limit 1, 4 表示从查询结果中的第 1 条记录开始（不包括第 1 条记录），共截取 4 条记录，如图 3-55 所示。

name	price
盘子	89.0
夹克	79.0
衬衫	69.0
裙子	60.0
筷子	39.9
短裤	39.9
汤勺	12.5
铅笔	4.6
橡皮	2.5
尺子	1.2

图 3-55

实际上 limit 后面只有一个参数时，比如 limit 5，它等价于 limit 0, 5。也就是说 limit 后面的第 1 个参数是可选的，而第 2 个参数是必选的。

在实际开发中，使用 limit 关键字结合 order by 子句来获取前 n 条记录这种方式非常有用，比如获取热度最高的前 10 条新闻、获取浏览量最高的前 10 篇文章等。所以对于这种方式，我们应该重点掌握。

不过我们也应该清楚，limit 并不一定要结合 order by 子句来一起使用，这里小伙伴们不要误解了。

数据库差异性

对于获取前 n 条数据，MySQL、SQL Server 和 Oracle 的语法都是不一样的，下面来补充说明一下 SQL Server 和 Oracle 的语法。

▶ SQL Server。

在 SQL Server 中，我们可以使用 top 关键字来获取前 n 条数据。

▶ **语法**：

```
select top n 列名
from 表名;
```

▶ **说明**：

top 关键字需要放在 select 的后面，并且放在所有列名之前。n 可以是正整数，也可以是百分数。

▶ **举例**：正整数

```
select top 5 name, price
from product;
```

运行结果如图 3-56 所示。

name	price
橡皮	2.5
尺子	1.2
铅笔	4.6
筷子	39.9
汤勺	12.5

图 3-56

▶ **分析**：

top 5 表示只获取查询结果的前 5 条数据。对于这个例子来说，如果把 top 5 去掉，也就是没有了行数限制，此时结果如图 3-57 所示。

name	price
橡皮	2.5
尺子	1.2
铅笔	4.6
筷子	39.9
汤勺	12.5
盘子	89.0
衬衫	69.0
裙子	60.0
夹克	79.0
短裤	39.9

图 3-57

▌举例：百分数

```
select top 50 percent name, price
from product;
```

运行结果如图 3-58 所示。

name	price
橡皮	2.5
尺子	1.2
铅笔	4.6
筷子	39.9
汤勺	12.5

图 3-58

▌分析：

这个例子获取的是前 50% 的数据，由于 product 表共有 10 条数据，所以这里获取的是前 5 条数据。

▸ Oracle。

在 Oracle 中，如果想要获取前 n 条数据，我们可以借助 rownum 这个 "伪列" 来实现。所谓的伪列，也叫作 "虚列"，指的是物理上是不存在的，只有在对表进行查询操作时才会构造出来的列。

对于 rownum 伪列来说，它有以下两个特点。

▸ rownum 不属于任何表，它一开始是不存在的，只有查询操作有结果时才可以使用。

▸ rownum 总是从 1 开始，并且一般只能与 "<" 或 "<=" 一起使用。

▌举例：

```
select product.*, rownum
from product;
```

运行结果如图 3-59 所示。

ID	NAME	TYPE	CITY	PRICE	RDATE	ROWNUM
1	橡皮	文具	广州	2.5	2022/3/19	1
2	尺子	文具	杭州	1.2	2022/1/21	2
3	铅笔	文具	杭州	4.6	2022/5/1	3
4	筷子	餐具	广州	39.9	2022/5/27	4
5	汤勺	餐具	杭州	12.5	2022/7/5	5
6	盘子	餐具	广州	89.0	2022/12/12	6
7	衬衫	衣服	广州	69.0	2022/8/11	7
8	裙子	衣服	杭州	60.0	2022/6/18	8
9	夹克	衣服	广州	79.0	2022/9/1	9
10	短裤	衣服	杭州	39.9	2022/10/24	10

图 3-59

▶ 分析：

product.* 表示获取 product 表下面的所有列，这种写法我们在后面"第 10 章 多表查询"中会经常见到。由于 rownum 不属于任何表，所以不能写成 product.rownum。下面两种方式都是错误的。

```
-- 方式1
select product.*, product.rownum
from product;

-- 方式2
select *, rownum
from product;
```

▶ 举例：获取前 5 条数据

```
select *
from product
where rownum <= 5;
```

运行结果如图 3-60 所示。

图 3-60

▶ 分析：

如果想要获取 product 表中的前 5 条数据，我们可以使用上面这种方式。但如果想要获取售价最高的前 5 条数据，此时应该怎么做呢？很多小伙伴会写出下面这样的代码，结果如图 3-61 所示。

```
select *
from product
where rownum <= 5
order by price;
```

图 3-61

从结果可以看出来，上面这种方式是有问题的。原因很简单，如果 where 子句和 order by 子句同时存在，那么 Oracle 就会先执行 where 子句，此时得到的是原表中前 5 条数据，如图 3-62 所示。

ID	NAME	TYPE	CITY	PRICE	RDATE
1	橡皮	文具	广州	2.5	2022/3/19
2	尺子	文具	杭州	1.2	2022/1/21
3	铅笔	文具	杭州	4.6	2022/5/1
4	筷子	餐具	广州	39.9	2022/5/27
5	汤勺	餐具	杭州	12.5	2022/7/5

图 3-62

然后执行 order by 子句，也就是将上面得到的结果集再根据 price 进行排序，此时得到的结果如图 3-63 所示。

ID	NAME	TYPE	CITY	PRICE	RDATE
2	尺子	文具	杭州	1.2	2022/1/21
1	橡皮	文具	广州	2.5	2022/3/19
3	铅笔	文具	杭州	4.6	2022/5/1
5	汤勺	餐具	杭州	12.5	2022/7/5
4	筷子	餐具	广州	39.9	2022/5/27

图 3-63

如果想要获取售价最高的前 5 条数据，正确的做法应该是使用子查询来实现：首先在子查询中使用 order by 根据 price 进行降序排列，然后从得到的结果集中获取前 5 条数据就可以了。请看下面的例子。

▶ **举例：获取售价最高的前 5 条数据**

```
select * from (
    select * from product order by price desc
)
where rownum <= 5;
```

运行结果如图 3-64 所示。

ID	NAME	TYPE	CITY	PRICE	RDATE
6	盘子	餐具	广州	89.0	2022/12/12
9	夹克	衣服	广州	79.0	2022/9/1
7	衬衫	衣服	广州	69.0	2022/8/11
8	裙子	衣服	杭州	60.0	2022/6/18
4	筷子	餐具	广州	39.9	2022/5/27

图 3-64

3.6 去重处理：distinct

在 SQL 中，我们可以使用 distinct 关键字来实现数据去重。所谓的数据去重，指的是查询结果中如果包含多个重复行，结果只会保留其中一行。

▼ **语法**：

```
select distinct 字段列表
from 表名;
```

▼ **说明**：

distinct 关键字用于 select 子句中，它总是紧跟在 select 关键字之后，并且放在第一个列名之前。此外，distinct 关键字作用于整个字段列表的所有列，而不是单独某一列。

▼ **举例：用于一列**

```
select distinct type
from product;
```

运行结果如图 3-65 所示。

图 3-65

▼ **分析**：

如果我们想要知道 type 这一列都有哪几种取值，就可以在 type 这个列名前面加上 distinct 关键字。对于这个例子来说，如果把 distinct 关键字去除，此时得到的结果如图 3-66 所示。

图 3-66

▶ 举例：

```
select distinct city
from product;
```

运行结果如图 3-67 所示。

city
广州
杭州

图 3-67

▶ 分析：

distinct city 表示对 city 这一列进行去重处理。如果把 distinct 关键字去除，此时得到的结果如图 3-68 所示。

city
广州
杭州
杭州
广州
杭州
广州
广州
杭州
广州
杭州

图 3-68

▶ 举例：NULL 数据

```
select distinct type
from product_miss;
```

运行结果如图 3-69 所示。

type
文具
(Null)
餐具
衣服

图 3-69

▶ **分析：**

需要清楚的是，NULL 被视为一类数据。如果列中存在多个 NULL 值，则只会保留一个 NULL。对于这个例子来说，如果把 distinct 关键字去除，此时得到的结果如图 3-70 所示。

图 3-70

▶ **举例：用于多列**

```
select distinct type, city
from product;
```

运行结果如图 3-71 所示。

图 3-71

▶ **分析：**

对于这个例子来说，如果没有使用 distinct 关键字，此时得到的结果如图 3-72 所示。

type	city
文具	广州
文具	杭州
文具	杭州
餐具	广州
餐具	杭州
餐具	广州
衣服	广州
衣服	杭州
衣服	广州
衣服	杭州

图 3-72

使用 distinct 关键字之后，查询结果中重复的多条记录就只会保留其中一条。比如这里本来有 2 条"文具、杭州"记录，最后只会保留第 1 条记录。

需要注意的是，distinct 关键字只能放在第一个列名之前，然后它就会对后面所有的列进行去重处理。下面两种方式都是错误的。

```
-- 错误方式1
select type, distinct city
from product;

-- 错误方式2
select distinct type, distinct city
from product;
```

3.7 本章练习

一、单选题

1. 如果把一张表看成一个类，那么（　　）就相当于表的属性。
   A. 行　　　　　　B. 记录　　　　　　C. 列　　　　　　D. 数值
2. 在 MySQL 中，我们通常使用（　　）来表示字段没有值或缺值。
   A. NULL　　　　B. EMPTY　　　　C. 0　　　　　　D. ""
3. 在 MySQL 中，select 语句执行的结果是（　　）。
   A. 数据库　　　　B. 基本表　　　　C. 临时表　　　　D. 数据项
4. 在 MySQL 中，我们可以使用（　　）关键字来过滤查询结果中的重复行。
   A. distinct　　　　B. limit　　　　　C. like　　　　　D. in

5. where age between 20 and 30 表示年龄（age）为 20～30，且（　　）。
   A. 包含 20 和 30
   B. 不包含 20 和 30
   C. 包含 20 但不包含 30
   D. 不包含 20 但包含 30
6. 对于 limit 5, 10 来说，它表示获取的是（　　）。
   A. 第 5～10 条记录
   B. 第 5～15 条记录
   C. 第 6～11 条记录
   D. 第 6～15 条记录
7. 在查询商品售价 price 时，其结果按售价降序排列，正确的方式是（　　）。
   A. order by price
   B. order by price asc
   C. order by price desc
   D. order by price limit
8. 下面有关别名的说法中，正确的是（　　）。
   A. 别名会替换真实表中的列名
   B. 如果别名中包含特殊字符，则必须使用引号括起来
   C. as 关键字只能用于 select 子句
   D. 只能使用英文别名，不能使用中文别名
9. 下面关于 limit 关键字的说法中，不正确的是（　　）。
   A. limit 子句通常需要放在 select 语句的最后面
   B. limit 关键字可以限制从数据库中返回记录的行数
   C. limit 2,4 表示获取查询结果的第 3～6 条记录
   D. limit 5 表示获取查询结果的前 5 条记录
10. 如果想要查询 name 字段不是 NULL 的所有记录，where 子句应该写成（　　）。
    A. where name != NULL;
    B. where name not null;
    C. where name is not null;
    D. where name ! NULL;
11. 如果想要把 product 表中"product-name"这一列查询出来，正确的 SQL 语句是（　　）。
    A. select product-name from product;
    B. select \`product-name\` from product;
    C. select 'product-name' from product;
    D. select "product-name" from product;
12. 如果想要给 product 表的"name"这一列起一个别名"商品 - 名称"，正确的 SQL 语句是（　　）。
    A. select name as \`商品 - 名称\` from product;
    B. select name as " 商品 - 名称 " from product;
    C. select name as [商品 - 名称] from product;
    D. select name as 商品 - 名称 from product;

13. 下面有一段 SQL 代码，说法中正确的是（　　）。

```
select distinct type, city
from product;
```

A. distinct 只会作用于 type 这一列

B. distinct 只会作用于 city 这一列

C. distinct 同时作用于 type 和 city 这两列

D. 语法有误，运行报错

二、简答题

请简述一下你对 NULL 值的理解。

三、编程题

下面有一个 student 表（如表 3-11 所示），请写出对应的 SQL 语句。

表 3-11　student 表

id	name	sex	grade	birthday	major
1	张欣欣	女	86	2000-03-02	计算机科学
2	刘伟达	男	92	2001-06-13	网络工程
3	杨璐璐	女	72	2000-05-01	软件工程
4	王明刚	男	80	2002-10-17	电子商务
5	张伟	男	65	2001-11-09	人工智能

（1）查询成绩为 80 ～ 100 的学生基本信息。

（2）查询所有学生基本信息，按照成绩从高到低排序。

（3）查询成绩前 3 名的学生基本信息。

（4）查询所有学生的 name、grade、major 这 3 列。

（5）查询所有学生的 name、grade 这 2 列，并且给 name 起一个别名"姓名"，给 grade 也起一个别名"成绩"。

第 4 章 数据统计

4.1 算术运算

对于 select 语句来说,我们可以在 select 子句中使用算术运算。SQL 常用的算术运算符有 4 个,如表 4-1 所示。

表 4-1 常用的算术运算符

运 算 符	说　明	用　法
+	加	a + b
-	减	a - b
*	乘	a * b
/	除	a / b

▼ 举例:

```
select name, price + 10
from product;
```

运行结果如图 4-1 所示。

name	price + 10
橡皮	12.5
尺子	11.2
铅笔	14.6
筷子	49.9
汤勺	22.5
盘子	99.0
衬衫	79.0
裙子	70.0
夹克	89.0
短裤	49.9

图 4-1

▶ **分析：**

price+10 表示对 price 这一列的所有数据都加上 10。细心的小伙伴会发现，查询结果中列名并不是"price"，而是"price+10"。

如果我们想要使用"price"作为列名，可以使用 as 关键字来指定一个别名。修改后的 SQL 语句如下，此时运行结果如图 4-2 所示。

```sql
select name,
       price + 10 as price
from product;
```

name	price
橡皮	12.5
尺子	11.2
铅笔	14.6
筷子	49.9
汤勺	22.5
盘子	99.0
衬衫	79.0
裙子	70.0
夹克	89.0
短裤	49.9

图 4-2

当然，我们也可以指定中文别名。修改后的 SQL 语句如下，此时运行结果如图 4-3 所示。

```sql
select name as 名称,
       price + 10 as 售价
from product;
```

名称	售价
橡皮	12.5
尺子	11.2
铅笔	14.6
筷子	49.9
汤勺	22.5
盘子	99.0
衬衫	79.0
裙子	70.0
夹克	89.0
短裤	49.9

图 4-3

在 select 子句中，我们也可以对多个列进行算术运算（如相加、相减等）。对于其他运算符，小伙伴们可以自行试一下，非常简单。

> **数据库差异性**
>
> 除了表 4-1 之外，还有一些 DBMS 独有的算术运算符。其中，MySQL 和 SQL Server 都可以使用"%"来实现求余，而"div"和"-"是 MySQL 独有的算术运算符（如表 4-2 所示）。
>
> 表 4-2 MySQL 独有的算术运算符
>
> | 运算符 | 说明 | 用法 |
> | --- | --- | --- |
> | div | 取整，即取商的整数部分 | a div b |
> | - | 取负数 | -a |
>
> 需要注意的是，"/"和"div"都表示除法运算符，但它们是有区别的："/"会保留商的小数部分，而"div"不会保留商的小数部分。比如 4/3 的结果约为 1.333，而 4 div 3 的结果为 1。

4.2 聚合函数

在实际开发中，我们有时需要对某一列进行求和、求平均值等操作，此时就需要用到聚合函数。SQL 常用的聚合函数有 5 个，如表 4-3 所示。

表 4-3 常用的聚合函数

函数	说明
sum()	求和
avg()	求平均值
max()	求最大值
min()	求最小值
count()	获取行数

聚合函数，也可以叫作"统计函数"。所谓的聚合函数，指的是对一列值进行计算，然后最终会返回单个值。所以聚合函数还被叫作"组函数"。

对于聚合函数来说，我们只需要记住一句话就可以了：**聚合函数一般用于 select 子句，而不能用于 where 子句**。

4.2.1 求和：sum()

在 SQL 中，我们可以使用 sum() 函数来对某一列求和。

▶ 语法：

```
select sum(列名)
from 表名;
```

▶ 说明：

sum() 函数只能用于数字列，并且计算时会忽略 NULL 值。

▶ 举例：

```
select sum(price)
from product;
```

运行结果如图 4-4 所示。

sum(price)
397.6

图 4-4

▶ 分析：

sum(price) 表示对 price 这一列求和。细心的小伙伴可能看出来了，对于 select 子句来说，后面如果使用了算术运算或聚合函数，那么查询结果的列名都是该表达式。所以一般情况下，我们需要使用 as 关键字来指定列名。

如果将这个例子改为下面的 SQL 语句，此时运行结果如图 4-5 所示。

```
select sum(price) as 总价
from product;
```

总价
397.6

图 4-5

4.2.2 求平均值：avg()

在 SQL 中，我们可以使用 avg() 函数来对某一列求平均值。其中，avg 是 "average"（平均值）的缩写。

▶ 语法：

```
select avg(列名)
from 表名;
```

▶ 说明：

avg() 函数只能用于数字列，并且计算时会忽略 NULL 值。

▶ 举例：操作一列

```
select avg(price) as 平均售价
from product;
```

运行结果如图 4-6 所示。

平均售价
39.76000

图 4-6

▶ 分析：

avg(price) 表示对 price 这一列求平均值。对于这个例子来说，它可以等价于下面的 SQL 语句。

```
select sum(price) / 10 as 平均售价
from product;
```

4.2.3 求最值：max() 和 min()

在 SQL 中，我们可以使用 max() 函数来对某一列求最大值，也可以使用 min() 函数来对某一列求最小值。

▶ 语法：

```
select max(列名)
from 表名;
```

▶ 说明：

max() 和 min() 都只能用于数字列，并且计算时会忽略 NULL 值。

▶ 举例：max()

```
select max(price) as 最高售价
from product;
```

运行结果如图 4-7 所示。

最高售价
89.0

图 4-7

▌举例：min()

```sql
select min(price) as 最低售价
from product;
```

运行结果如图 4-8 所示。

最低售价
1.2

图 4-8

▌举例：不同函数

```sql
select max(price) as 最高售价,
       min(price) as 最低售价,
       avg(price) as 平均售价
from product;
```

运行结果如图 4-9 所示。

最高售价	最低售价	平均售价
89.0	1.2	39.76000

图 4-9

▌分析：

在 select 子句中，我们可以同时使用多个不同的聚合函数。

4.2.4 获取行数：count()

在 SQL 中，我们可以使用 count() 函数来获取某一列中有效值的行数是多少。所谓的有效值，指的是非 NULL 值。

▌语法：

```sql
select count(列名)
from 表名;
```

▌说明：

对于 count() 函数来说，它有以下两种使用方法。
- count(列名)：计算指定列的总行数，会忽略值为 NULL 的行。
- count(*)：计算数据表的行数，不会忽略值为 NULL 的行，因为 count(*) 包含所有的列。

▶ **举例**：count(price)

```
select count(price) as 行数
from product_miss;
```

运行结果如图 4-10 所示。

图 4-10

▶ **分析**：

对于 product_miss 表中 price 这一列来说，它的有效值是 7 个，如图 4-11 所示。

id	name	type	city	price	rdate
1	橡皮	文具	广州	2.5	2022-03-19
2	尺子	文具	杭州	(Null)	2022-01-21
3	铅笔	(Null)	杭州	4.6	2022-05-01
4	筷子	(Null)	广州	39.9	2022-05-27
5	汤勺	餐具	杭州	(Null)	2022-07-05
6	盘子	餐具	广州	89.0	2022-12-12
7	衬衫	(Null)	广州	69.0	2022-08-11
8	裙子	衣服	杭州	(Null)	2022-06-18
9	夹克	衣服	广州	79.0	2022-09-01
10	短裤	衣服	杭州	39.9	2022-10-24

图 4-11

▶ **举例**：count(*)

```
select count(*) as 行数
from product_miss;
```

运行结果如图 4-12 所示。

图 4-12

▶ **分析**：

count(列名)这种方式只会统计非 NULL 值，如果想要统计一个表有多少行（也就是有多少条记录），我们应该使用 count(*)来实现。

4.2.5 深入了解

在 SQL 中，所有聚合函数都可以使用一个"类型"前缀来修饰。

▶ **语法**：

函数名 (类型 列名)

▶ **说明**：

这里的"类型"的取值有两种：all 和 distinct，默认值是 all。如果是 all，则表示计算所有值的和；如果是 distinct，则表示计算非重复值的和。

▶ **举例**：all

```
select sum(all price)
from product;
```

运行结果如图 4-13 所示。

sum(all price)
397.6

图 4-13

▶ **分析**：

对于这个例子来说，sum(all price) 会对 price 这一列求和（包括重复值），如图 4-14 所示。

price
2.5
1.2
4.6
39.9
12.5
89.0
69.0
60.0
79.0
39.9

图 4-14

▶ 举例：distinct

```
select sum(distinct price)
from product;
```

运行结果如图 4-15 所示。

sum(distinct price)
357.7

图 4-15

▶ 分析：

对于这个例子来说，sum(distinct price) 会对 price 这一列求和（不包括重复值）。如果有重复值，只会计算其中一个。比如 price 有两个 39.9，那么只会统计一次 39.9，如图 4-16 所示。

price
2.5
1.2
4.6
(39.9)
12.5
89.0
69.0
60.0
79.0
(39.9)

图 4-16

4.2.6 特别注意

最后我们来总结一下，对于聚合函数来说，需要特别注意以下两点。
- 聚合函数一般用于 select 子句，而不能用于 where 子句。
- sum()、avg()、max()、min() 这 4 个聚合函数，只适用于统计数字类型的列。如果指定列的类型不是数字类型，就可能会报错。

▶ 举例：不能用于 where 子句

```
select *
from product
where price > avg(price);
```

运行结果如图 4-17 所示。

```
1111 - Invalid use of group function
时间: 0.001s
```

图 4-17

▶ **分析：**

对于这个例子来说，其实是想找出 price 大于其平均值的所有记录。然后这里我们尝试在 where 子句中使用 avg(price) 来获取 price 这一列的平均值。但是从输出结果可以看出，这条 SQL 语句报错了。

我们是没办法通过在 where 子句中使用聚合函数的方式来实现上面这个功能的，因为聚合函数只能用于 select 子句。如果想要实现上面这个功能，需要通过另一种方式——子查询来实现。对于子查询来说，我们在后面 "5.3 子查询" 中会详细介绍。

```
-- 子查询
select *
from product
where price > (
    select avg(price) from product
);
```

对于聚合函数的使用情况，准确的说法是：**聚合函数只能用于 select、order by、having 这 3 种子句，而不能用于 where、group by 等其他子句**。这里小伙伴们简单了解即可，等学到后面就非常清楚了。

▶ **举例：不能用于统计非数字列**

```
select sum(name)
from product;
```

运行结果如图 4-18 所示。

图 4-18

▶ **分析：**

name 这个列的类型是 varchar，而不是数字类型，所以结果显示为 0。小伙伴们可以自行试一下 avg()、max()、min() 这几个聚合函数，结果也是一样的。

4.3 分组子句：group by

分组统计，指的是根据"某些条件"将数据拆分为若干组来进行统计。例如有一个学生信息表，我们可以根据班级、性别、家乡等进行分组，然后统计每个班有多少人、男和女各有多少人等。

在 SQL 中，我们可以使用 group by 子句来根据一列或多列的取值进行分组。如果小伙伴们使用过 Excel，group by 子句其实就相当于 Excel 中的分类统计。

▌ **语法**：

```
select 列名
from 表名
group by 列名;
```

▌ **说明**：

group by 子句中使用的列名，一般要出现在 select 子句中。注意这里是一般，而不是一定。

▌ **举例：对一列分组**

```
select type as 类型,
       count(*) as 行数
from product
group by type;
```

运行结果如图 4-19 所示。

类型	行数
文具	3
餐具	3
衣服	4

图 4-19

▌ **分析**：

group by type 表示通过 type 这一列进行分组。由于 type 的取值有 3 种——'文具'、'餐具'、'衣服'，所以这里会分为 3 组。

▌ **举例：对多列分组**

```
select type as 类型,
       city as 城市,
       count(*) as 行数
from product
group by type, city;
```

运行结果如图 4-20 所示。

类型	城市	行数
文具	广州	1
文具	杭州	2
餐具	广州	2
餐具	杭州	1
衣服	广州	2
衣服	杭州	2

图 4-20

▶ **分析：**

group by 子句可以同时对多个列进行分组，列名之间使用英文逗号（,）隔开即可。group by type, city 表示同时对"type"（类型）和"city"（城市）这两列进行分组。

类型有 3 种取值——'文具'、'餐具'、'衣服'，城市有 2 种取值——'广州'、'杭州'。这样就可以分成 3×2=6 组。

```
-- 第1组：文具+广州
(1, '橡皮', '文具', '广州', 2.5, '2022-03-19')

-- 第2组：文具+杭州
(2, '尺子', '文具', '杭州', 1.2, '2022-01-21')
(3, '铅笔', '文具', '杭州', 4.6, '2022-05-01')

-- 第3组：餐具+广州
(4, '筷子', '餐具', '广州', 39.9, '2022-05-27')
(6, '盘子', '餐具', '广州', 89.0, '2022-12-12')

-- 第4组：餐具+杭州
(5, '汤勺', '餐具', '杭州', 12.5, '2022-07-05')

-- 第5组：衣服+广州
(7, '衬衫', '衣服', '广州', 69.0, '2022-08-11')
(9, '夹克', '衣服', '广州', 79.0, '2022-09-01')

-- 第6组：衣服+杭州
(8, '裙子', '衣服', '杭州', 60.0, '2022-06-18')
(10, '短裤', '衣服', '杭州', 39.9, '2022-10-24')
```

▶ **举例：使用 where 子句**

```
select city as 城市,
       count(*) as 行数
from product
where price < 10
group by city;
```

运行结果如图 4-21 所示。

图 4-21

▶ **分析：**

group by 子句的书写顺序也是有严格要求的：group by 子句一定要写在 from 子句和 where 子句的后面。如果没有按照下面的顺序书写，SQL 在执行的时候就会报错。

select子句 → from子句 → where子句 → group by子句

对于这个例子来说，如果写成下面的顺序，就是错误的。小伙伴们可以自行测试一下。

```
select city as 城市,
       count(*) as 行数
from product
group by city;
where price < 10;
```

▶ **举例：包含 NULL 值**

```
select type as 类型,
       count(*) as 行数
from product_miss
group by type;
```

运行结果如图 4-22 所示。

类型	行数
文具	2
(Null)	3
餐具	2
衣服	3

图 4-22

▶ **分析：**

当使用 group by 子句进行分组时，如果存在 NULL 值，那么会将 NULL 作为一个分组来处理。对于这个例子来说，type 这一列其实有 4 个取值——'文具'、'餐具'、'衣服'、NULL，所以这里就分成 4 组。

在实际开发中,group by 子句经常是和聚合函数(如 sum()、count()、max() 等)一起使用的。**我们一说起 group by 子句,就应该把它和聚合函数结合起来。** 这是 group by 子句非常重要的特点。

▶ 举例:聚合函数

```
select type as 类型,
       max(price) as 最高售价,
       min(price) as 最低售价,
       avg(price) as 平均售价
from product
group by type;
```

运行结果如图 4-23 所示。

类型	最高售价	最低售价	平均售价
文具	4.6	1.2	2.76667
餐具	89.0	12.5	47.13333
衣服	79.0	39.9	61.97500

图 4-23

数据库差异性

对于 MySQL 来说,我们可以使用 group_concat() 函数来查看不同分组的取值情况。group_concat() 函数是 MySQL 独有的,并不适用于 SQL Server 和 Oracle。

▶ 语法:

```
group_concat(列名)
```

▶ 举例:

```
select type as 类型,
       group_concat(name) as 取值
from product
group by type;
```

运行结果如图 4-24 所示。

类型	取值
文具	橡皮,尺子,铅笔
衣服	衬衫,裙子,夹克,短裤
餐具	筷子,汤勺,盘子

图 4-24

▶ **分析**：

group_concat() 函数会把该分组中某一个字段的所有取值情况都列举出来。

▶ **举例**：

```
select city as 城市,
       group_concat(name) as 取值
from product
group by city;
```

运行结果如图 4-25 所示。

城市	取值
广州	橡皮,筷子,盘子,衬衫,夹克
杭州	尺子,铅笔,汤勺,裙子,短裤

图 4-25

4.4　指定条件：having

我们知道，使用 group by 子句可以根据一列进行分组。如果希望通过指定条件来选取特定的组，比如取出"行数为 2"的组，此时应该怎么实现呢？

说到指定条件，很多小伙伴首先想到的是使用 where 子句。但是 where 子句只能用于指定"行"（或记录）的条件，而不能用于指定"组"的条件。

简单来说就是，where 子句只能针对 select 子句的结果来指定条件，而无法针对 group by 子句的结果来指定条件。如果想要针对 group by 子句的结果来指定条件，此时应该怎么做呢？

在 SQL 中，我们可以使用 having 子句来给分组指定条件，也就是给 group by 子句的结果指定条件。

▶ **语法**：

```
select 列名
from 表名
where 条件
group by 列名
having 条件;
```

▶ **说明**：

having 子句不能单独使用，而必须结合 group by 子句一起使用。并且 having 子句必须写在 group by 子句之后。实际上，对于 select 语句来说，各个子句必须遵循下面的书写顺序。

select子句 → from子句 → where子句 → group by子句 → having子句

▌举例：行数为 3 的分组

```
select type as 类型,
       count(*) as 行数
from product
group by type
having count(*) = 3;
```

运行结果如图 4-26 所示。

类型	行数
文具	3
餐具	3

图 4-26

▌分析：

使用 having 子句之后，其实就是对分组的结果指定条件。如果没有使用 having 子句，则会把所有分组的情况都列举出来。对于这个例子来说，如果把 having 子句去掉，此时结果如图 4-27 所示。

类型	行数
文具	3
餐具	3
衣服	4

图 4-27

▌举例：小于平均值

```
select type as 类型,
       avg(price) as 平均售价
from product
group by type
having avg(price) > 10;
```

运行结果如图 4-28 所示。

类型	平均售价
餐具	47.13333
衣服	61.97500

图 4-28

▶ 分析：

having avg(price)>10 表示查询平均售价大于 10 的"组"。注意这里是"组"，而不是"行"。对于这个例子来说，如果把 having avg(price)>10 改为 having avg(price)<=10，此时结果如图 4-29 所示。如果把 having avg(price)>10 去掉，此时结果如图 4-30 所示。

类型	平均售价
文具	2.76667

图 4-29

类型	平均售价
文具	2.76667
餐具	47.13333
衣服	61.97500

图 4-30

大家可能也发现了，这里的 having 子句中使用了聚合函数。小伙伴们别忘了之前说过的一句话：**聚合函数只能用于 select、order by、having 子句，而不能用于 where、group by 等其他子句**。

4.5 子句顺序

到这里为止，我们已经把 select 语句中的所有子句学完了。一个语句都是由不同子句组合而成的。对于 SQL 的 select 语句来说，它主要包含 6 种子句，如表 4-4 所示。

表 4-4　select 语句的子句

子　句	说　明
select	查询哪些列
from	从哪个表查询
where	查询条件
group by	分组
having	分组条件
order by	排序

▶ 语法：

```
select 列名
from 表名
where 条件
group by 列名
having 条件
order by 列名
limit n;
```

> **说明：**
> 之前我们了解到，各个子句的书写是需要遵循一定顺序的。对于 select 语句中的各种子句来说，它需要严格遵循下面的书写顺序。

```
select 子句 → from 子句 → where 子句 → group by 子句 → having 子句 → order by 子句
```

数据库差异性

MySQL 还包含 limit 子句，SQL Server 还包含 top 子句，而 Oracle 并没有 limit 和 top 这两个子句。它们的子句顺序略有不同，区别如下。

```
-- MySQL
select 子句→from 子句→where 子句→group by 子句→having 子句→order by 子句→limit 子句
-- SQL Server
select 子句→top 子句→from 子句→where 子句→group by 子句→having 子句→order by 子句
-- Oracle
select 子句→from 子句→where 子句→group by 子句→having 子句→order by 子句
```

4.6 本章练习

一、单选题

1. 在 SQL 中，having 子句必须和（　　）子句一起使用。
   A. order by　　　　B. where　　　　C. group by　　　　D. limit
2. 在分组条件（having 子句）中，可以使用的聚合函数是（　　）。
   A. count()　　　　B. sum()　　　　C. avg()　　　　D. 以上都可以
3. 如果想要统计一个表有多少行数据，我们可以使用（　　）函数来实现。
   A. max()　　　　B. min()　　　　C. count()　　　　D. sum()
4. 下面关于聚合函数的说法中，正确的是（　　）。
   A. 聚合函数只能用于 select 子句，不能用于其他子句
   B. 聚合函数只会返回单个值
   C. 可以使用 sum() 函数来统计一个表有多少行
   D. count(列名) 统计行数时，不会忽略值为 NULL 的行
5. 下面的说法中，正确的是（　　）。
   A. where 子句和 having 子句冲突，两者只能使用其中一个

B. having 子句必须配合 group by 子句一起使用
C. group by 子句必须配合 having 子句一起使用
D. 可以使用 where 子句来设置每个分组的条件

6. 对于 select 语句中的各个子句来说，正确的书写顺序是（   ）。
   A. select 子句→ from 子句→ where 子句→ group by 子句→ having 子句→ limit 子句→ order by 子句
   B. select 子句→ from 子句→ where 子句→ order by 子句→ group by 子句→ having 子句→ limit 子句
   C. select 子句→ from 子句→ where 子句→ order by 子句→ limit 子句→ group by 子句→ having 子句
   D. select 子句→ from 子句→ where 子句→ group by 子句→ having 子句→ order by 子句→ limit 子句

7. 如果想要查询选修了 3 门以上课程的学生信息（学号字段名为 sno），正确的 SQL 语句是（   ）。
   A. select * from course group by sno where count(*) > 3;
   B. select * from course group by sno having count(*) > 3;
   C. select * from course order by sno where count(*) > 3;
   D. select * from course order by sno having count(*) > 3;

二、简答题

1. 请简述一下 where 子句和 having 子句有什么区别？
2. 请默写一下 select 语句中各个子句的书写顺序。

第 5 章 高级查询

5.1 模糊查询：like

在实际开发中，很多时候我们需要判断某一列是否包含某一个子字符串，比如找出所有姓"李"的学生。像这种情况，就需要借助模糊查询来实现。

在 SQL 中，我们可以在 where 子句中使用 like 运算符来实现模糊查询。like 运算符都是放在 where 子句中使用的，并且它一般需要结合通配符一起使用。常用的通配符有两种，如表 5-1 所示。

表 5-1 常用的通配符

通 配 符	说　明
%	0 个或多个字符
_	1 个字符

接下来创建一个名为"employee"的数据表，该表保存的是员工的基本信息，包括工号、姓名、性别、年龄、职位等。其中，employee 表的结构如表 5-2 所示，其数据如表 5-3 所示。

表 5-2 employee 表的结构

列　名	类　型	长　度	小 数 点	允许 NULL	是否主键	注　释
id	int			×	√	工号
name	varchar	10		√	×	姓名
sex	char	5		√	×	性别
age	int			√	×	年龄
title	varchar	20		√	×	职位

表 5-3　employee 表的数据

id	name	sex	age	title
1	张亮	男	36	前端工程师
2	李红	女	24	UI 设计师
3	王莉	女	27	平面设计师
4	张杰	男	40	后端工程师
5	王红	女	32	游戏设计师

5.1.1　通配符：%

在 SQL 中，通配符"%"代表的是任意长度的字符串（包含 0 个或多个字符）。对于"%"来说，它的常用方式有以下 3 种。

▶ where 列名 like 'string%'。

上面表示查询某列中以 string 开头的记录。其中，string 只能出现在开头。

▶ where 列名 like '%string'。

上面表示查询某列中以 string 结尾的记录。其中，string 只能出现在结尾。

▶ where 列名 like '%string%'。

上面表示查询某列中包含 string 的记录。其中，string 可以出现在任意位置。

▼ 举例：开头

```
select *
from employee
where name like '张%';
```

运行结果如图 5-1 所示。

id	name	sex	age	title
1	张亮	男	36	前端工程师
4	张杰	男	40	后端工程师

图 5-1

▼ 分析：

上面例子表示查询 name 中以"张"开头的所有记录，也就是查询姓"张"的记录。

▼ 举例：结尾

```
select *
from employee
where name like '%红';
```

运行结果如图 5-2 所示。

id	name	sex	age	title
2	李红	女	24	UI设计师
5	王红	女	32	游戏设计师

图 5-2

▼ 分析：

上面例子表示查询 name 中以"红"结尾的所有记录，也就是把所有姓名中最后一个字是"红"的记录查询出来。

▼ 举例：包含

```
select *
from employee
where title like '%设计%';
```

运行结果如图 5-3 所示。

id	name	sex	age	title
2	李红	女	24	UI设计师
3	王莉	女	27	平面设计师
5	王红	女	32	游戏设计师

图 5-3

▼ 分析：

对于 where title like '% 设计 %'; 来说，只要 title 这一列包含 ' 设计 ' 这个字符串就可以了，这里是不需要区分字符串的位置的。也就是说，不管 ' 设计 ' 在开头、结尾还是中间，都能满足查询条件。这是因为 % 既可以代表 0 个字符，也可以代表多个字符。

如果这里把 '% 设计 %' 改为 '% 设计 ' 或 ' 设计 %'，此时运行结果如图 5-4 所示（这两种情况的结果都是一样的）。

id	name	sex	age	title
(N/A)	(N/A)	(N/A)	(N/A)	(N/A)

图 5-4

▼ 举例：不使用通配符

```
select *
from employee
where name like '张';
```

运行结果如图 5-5 所示。

id	name	sex	age	title
(N/A)	(N/A)	(N/A)	(N/A)	(N/A)

图 5-5

▌分析：

当 like 关键字后面的字符串不使用通配符时，就相当于对后面整个字符串进行相等匹配。对于这个例子来说，它等价于下面的 SQL 语句。

```
select *
from employee
where name = '张';
```

5.1.2 通配符：_

在 SQL 中，通配符 "_" 代表的是一个字符，也就是长度为 1 的字符串。对于 "_" 来说，它的常用方式有以下 3 种。

- where 列名 like 'string_'。

上面表示查询某列中以 string 开头的记录，string 后面必须有且只能有一个字符。

- where 列名 like '_string'。

上面表示查询某列中以 string 结尾的记录，string 前面必须有且只能有一个字符。

- where 列名 like '_string_'。

上面表示查询某列中包含 string 的记录，string 前面以及后面都必须有且只能有一个字符。不过这种方式很少用，我们简单了解即可。

▌举例：开头

```
select *
from employee
where title like '前端_';
```

运行结果如图 5-6 所示。

id	name	sex	age	title
(N/A)	(N/A)	(N/A)	(N/A)	(N/A)

图 5-6

▶ 分析：

'前端_'要求"前端"的后面只能有一个字符，显然并没有满足条件的记录。如果我们把'前端_'改为'前端%'，此时运行结果如图 5-7 所示。

id	name	sex	age	title
1	张亮	男	36	前端工程师

图 5-7

可能有小伙伴会问，如果希望"前端"的后面只能有 2 个字符，此时应该怎么办？其实很简单，只需要在末尾处使用 2 个下划线"_"就可以了。希望有多少个字符，那就使用多少个"_"。

▶ 举例：结尾

```
select *
from employee
where title like '_工程师';
```

运行结果如图 5-8 所示。

id	name	sex	age	title
(N/A)	(N/A)	(N/A)	(N/A)	(N/A)

图 5-8

▶ 分析：

'_工程师'要求"工程师"的前面只能有一个字符，显然并没有满足条件的记录。如果我们把'_工程师'改为'%工程师'，此时运行结果如图 5-9 所示。

id	name	sex	age	title
1	张亮	男	36	前端工程师
4	张杰	男	40	后端工程师

图 5-9

最后需要说明的是，对于 like 运算符来说，它还有一个相反的运算符：not like。如果想要获取相反的结果，可以使用 not like 运算符来实现。

5.1.3 转义通配符

如果想要匹配的字符串中本身就包含"%"或"_"这样的字符，那么 SQL 怎么判断它是一个通配符，还是一个普通字符呢？

我们可以在"%"或"_"的前面加上一个反斜杠"\"，此时该字符就变成普通字符，而不具备通配符的功能。这一点和大多数编程语言中的转义字符是一样的。

▶ **举例**：

```
select *
from employee
where name like '张\_';
```

运行结果如图 5-10 所示。

id	name	sex	age	title
(N/A)	(N/A)	(N/A)	(N/A)	(N/A)

图 5-10

▶ **分析**：

上面例子其实是想要匹配名为"张_"的学生，但由于表中没有这样的数据，所以结果为一个空集。

最后需要说明的是，如果想要使用某一种模式来对数据进行匹配，除了使用 like 关键字来进行模糊匹配之外，还可以使用正则表达式（如图 5-11 所示）来实现。只不过一般来说，我们并不会在 SQL 中使用正则表达式，而是在其他语言（如 Python、Java 等）中使用。

图 5-11

数据库差异性

除了"%"和"_"之外，SQL Server 还提供了另外两种通配符，如表 5-4 所示。这两种通配符只适用于 SQL Server，并不适用于 MySQL 和 Oracle。

表 5-4　SQL Server 独有的通配符

通配符	说明
[ ]	在指定范围
[^]	不在指定范围

5.2 随机查询：rand()

在实际开发中，经常需要从一个数据表中随机查询 n 条记录。对于 MySQL 来说，我们可以使用 rand() 函数来实现随机查询。其中，rand 是"random"（随机）的缩写。

▶ **语法**：

```
select 列名
from 表名
order by rand()
limit n;
```

▶ **说明**：

rand() 函数需要结合 order by 子句一起使用。一般情况下，可以使用 limit 关键字来限制查询结果的行数。

▶ **举例**：

```
select name, price
from product
order by rand()
limit 5;
```

运行结果如图 5-12 所示。

name	price
铅笔	4.6
筷子	39.9
夹克	79.0
橡皮	2.5
衬衫	69.0

图 5-12

▶ **分析**：

上面这条 SQL 语句表示从 product 表中随机查询 5 条记录。由于是随机查询，所以每次查询的结果可能是不一样的。

limit 关键字用于限制查询结果的行数。对于这个例子来说，如果我们把 limit 5 删除，此时得到的结果如图 5-13 所示。也就是说，如果没有使用 limit 关键字来限制行数，那么得到的查询结果的行数和数据表的行数是一样的。

name	price
裙子	60.0
夹克	79.0
汤勺	12.5
筷子	39.9
尺子	1.2
铅笔	4.6
盘子	89.0
橡皮	2.5
短裤	39.9
衬衫	69.0

图 5-13

随机查询在实际开发中非常有用，比如在网站相关文章推荐中，就使用了随机查询；而电商网站中随机展示一件商品，也使用了随机查询。

数据库差异性

不同 DBMS 随机查询的语法是不一样的。MySQL 使用 rand() 函数，SQL Server 使用 newid() 函数，而 Oracle 使用 dbms_random.random() 函数。下面补充说明一下 SQL Server 和 Oracle 的使用语法。

▶ SQL Server。

在 SQL Server 中，我们可以使用 newid() 函数来实现随机查询。

▶ **语法**：

```
select top n 列名
from 表名
order by newid();
```

▶ **说明**：

newid() 函数需要结合 order by 子句一起使用。一般情况下，我们可以结合 top 关键字来限制查询结果的行数。

▶ **举例**：

```
select top 5 name, price
from product
order by newid();
```

运行结果如图 5-14 所示。

name	price
衬衫	69.0
铅笔	4.6
夹克	79.0
橡皮	2.5
盘子	89.0

图 5-14

▎**分析：**

上面这条 SQL 语句表示从 product 表中随机查询 5 条记录。top 关键字用于限制查询结果的行数。对于这个例子来说，如果我们把 top 5 删除，此时得到的结果如图 5-15 所示。

name	price
夹克	79.0
短裤	39.9
橡皮	2.5
尺子	1.2
衬衫	69.0
铅笔	4.6
裙子	60.0
筷子	39.9
盘子	89.0
汤勺	12.5

图 5-15

▶ Oracle。

在 Oracle 中，我们可以使用 dbms_random.random() 函数结合 rownum 伪列来实现随机查询。

▎**举例：随机查询 5 条数据**

```
select * from (
    select * from product order by dbms_random.random()
)
where rownum <= 5;
```

运行结果如图 5-16 所示。

ID	NAME	TYPE	CITY	PRICE	RDATE
4	筷子	餐具	广州	39.9	2022/5/27
2	尺子	文具	杭州	1.2	2022/1/21
7	衬衫	衣服	广州	69.0	2022/8/11
8	裙子	衣服	杭州	60.0	2022/6/18
1	橡皮	文具	广州	2.5	2022/3/19

图 5-16

> **分析：**
>
> 上面这条 SQL 语句表示从 product 表中随机查询 5 条记录。dbms_random.random() 函数需要结合 order by 子句一起使用，然后我们通过 rownum 伪列来限制查询结果的行数。
>
> 需要注意的是，如果想要随机查询 5 条数据，下面这种写法是错误的。原因在于：如果 where 子句和 order by 子句同时存在，那么 Oracle 会先执行 where 子句，然后执行 order by 子句，此时得到的就不是预期的结果。
>
> ```
> select *
> from product
> where rownum <= 5
> order by dbms_random.random();
> ```

5.3 子查询

子查询的概念非常简单，它指的是在一条 select 语句中使用另一条 select 语句。一般来说，另一条 select 语句查询的结果往往会作为第一条 select 语句的查询条件。子查询可以完成 SQL 查询中比较复杂的情况，在实际开发中非常有用。

在 SQL 中，子查询一般可以分为以下 3 种。

- 单值子查询
- 多值子查询
- 关联子查询

5.3.1 单值子查询

单值子查询，指的是作为子查询的 select 语句返回的结果是"单个值"，也就是返回 1 行 1 列的结果。其中，单值子查询也叫作"标量子查询"。所谓的"标量"，也就是"单个"或"单一"的意思。

对于标量子查询这种叫法，小伙伴们也要了解一下，因为很多书或教程都使用这种叫法。

> **举例：获取大于平均售价的商品**

```
select name, price
from product
where price > (select avg(price) from product);
```

运行结果如图 5-17 所示。

name	price
筷子	39.9
盘子	89.0
衬衫	69.0
裙子	60.0
夹克	79.0
短裤	39.9

图 5-17

▶ **分析：**

上面这条 SQL 语句表示查找 price 大于其平均值的所有商品。这里其实有两条 select 语句，你可以把外层的 select 语句看成"父查询"，内层的 select 语句看成"子查询"。对于子查询来说，一般我们会使用一个"()"括起来。

作为子查询的 select 语句，其实是可以拿出来单独运行的。select avg(price) from product 返回的结果是单个值，也就是返回 39.76。所以对于这个例子来说，它本质上等价于下面的 SQL 语句。

```
select name, price
from product
where price > 39.76;
```

从上面可以知道，**父查询是依赖于子查询的结果的**。对于"查找 price 大于其平均值的所有记录"，很多小伙伴可能会写出下面这样的 SQL 语句。

```
select name, price
from product
where price > avg(price);
```

虽然这样的 select 语句看起来很符合逻辑，但实际上这样的写法是错误的。原因很简单，avg() 是一个聚合函数。而我们之前说过，**聚合函数可以用于 select 子句，但是不能用于 where 子句**。

对于子查询来说，SQL 一般的执行顺序是这样的：**先执行子查询，后执行父查询**。上面这个例子实现的是标量子查询，这是因为它使用了子查询，并且该子查询返回的是单个值。

当然，如果子查询的代码比较长，我们也可以做换行处理，这样可以增强代码的可读性。对于这个例子来说，可以写成下面这样。

```
-- 格式1
select name, price
from product
where price > (
    select avg(price) from product
);

-- 格式2
select name, price
```

```
from product
where price > (
    select avg(price)
    from product
);
```

▼ 举例：获取最高售价的商品

```
select name, price
from product
where price = (
    select max(price) from product
);
```

运行结果如图 5-18 所示。

name	price
盘子	89.0

图 5-18

▼ 分析：

上面这条 SQL 语句表示查找最高售价的商品信息。如果写成下面这样的代码就是错误的，因为 max() 函数不能用于 where 子句。

```
select name, price
from product
where price = max(price);
```

▼ 举例：在 select 子句中使用子查询

```
select name as 名称,
    price as 售价,
    (select avg(price) from product) as 平均售价
from product;
```

运行结果如图 5-19 所示。

名称	售价	平均售价
橡皮	2.5	39.76000
尺子	1.2	39.76000
铅笔	4.6	39.76000
筷子	39.9	39.76000
汤勺	12.5	39.76000
盘子	89.0	39.76000
衬衫	69.0	39.76000
裙子	60.0	39.76000
夹克	79.0	39.76000
短裤	39.9	39.76000

图 5-19

▶ **分析：**

对于标量子查询来说，它不仅可以在 where 子句中使用，还可以在 select 子句中使用。实际上，**标量子查询可以在几乎所有的子句中使用。**

▶ **举例：在 having 子句中使用子查询**

```
select type as 类型, avg(price) as 平均售价
from product
group by type
having avg(price) > (
    select avg(price) from product
);
```

运行结果如图 5-20 所示。

类型	平均售价
餐具	47.13333
衣服	61.97500

图 5-20

▶ **分析：**

这个例子用于查询"组平均售价"大于"总平均售价"的"组"。这里的 having 子句就使用了子查询来获取"总平均售价"。

5.3.2 多值子查询

多值子查询，指的是作为子查询的 select 语句返回的结果是"多个值"，一般是一列多行。对于多值子查询来说，一般我们是放在 where 子句中，结合 in、all、any、some 这 4 个关键字一起使用的。

1. in

如果想要判断某列的值是否存在于子查询返回的结果集中，我们可以使用 in 关键字来实现。除了 in 之外，还有一个 not in，它们的操作是相反的。

▶ **举例：**

```
select name, price
from product
where city = '广州' and price in (
    select price from product where city = '杭州'
);
```

运行结果如图 5-21 所示。

name	price
筷子	39.9

图 5-21

▌ **分析：**

这个例子实现的功能是：**查询和任意"杭州"商品售价相同的"广州"商品的名称和售价**。首先执行的是子查询，select price from product where city='杭州' 返回的结果如图 5-22 所示。该结果不是一个单一值，而是一个集合。

price
1.2
4.6
12.5
60.0
39.9

图 5-22

然后执行的是父查询，也就是查找 city 为 '广州'，并且 price 只要和 1.2、4.6、12.5、60.0、39.9 这 5 个中任意一个相同就可以了。

2. all

all 代表的是所有值，表达式需要与子查询结果集中的每个值进行比较。只有当每个值都满足比较关系时，才会返回 true。只要有一个不满足比较关系，就会返回 false。

▌ **举例：**

```
select name, price
from product
where city = '广州' and price > all (
    select price from product where city = '杭州'
);
```

运行结果如图 5-23 所示。

name	price
盘子	89.0
衬衫	69.0
夹克	79.0

图 5-23

▶ **分析：**

这个例子实现的功能是：**查询比所有 ' 杭州 ' 商品售价要高的 ' 广州 ' 商品的名称和售价**。首先执行的是子查询，select price from product where city=' 杭州 ' 返回的结果如图 5-24 所示。该结果不是一个单一值，而是一个集合。

price
1.2
4.6
12.5
60.0
39.9

图 5-24

然后执行的是父查询，也就是查找 city 为 ' 广州 '，并且 price 要比 1.2、4.6、12.5、60.0、39.9 这 5 个都要大的记录。

这里小伙伴们思考这样一个问题，假如想要获取相反的结果，也就是"**查询不和任意 ' 杭州 ' 商品售价相同的 ' 广州 ' 商品的名称和售价**"，此时又应该怎么实现呢？其实我们有两种方式，一种是使用"not in"，另一种是使用"<>all"。下面两种方式是等价的，运行结果如图 5-25 所示。

```
-- 方式1：not in
select name, price
from product
where city = '广州' and price not in (
    select price from product where city = '杭州'
);

-- 方式2：<>all
select name, price
from product
where city = '广州' and price <> all (
    select price from product where city = '杭州'
);
```

name	price
橡皮	2.5
盘子	89.0
衬衫	69.0
夹克	79.0

图 5-25

3. any 和 some

any 表示任意值，只要表达式与子查询结果集中任意值满足比较关系，就返回 true。当表达式与子查询结果集中所有值都不满足比较关系时，才会返回 false。

对于 some 来说，你可以把它看成 any 的别名，这两个的作用是一样的。

▶ **举例**：

```
select name, price
from product
where city = '广州' and price = any (
    select price from product where city = '杭州'
);
```

运行结果如图 5-26 所示。

name	price
筷子	39.9

图 5-26

▶ **分析**：

这个例子实现的功能是：**查询和任意 '杭州' 商品售价相同的 '广州' 商品的名称和售价**。首先执行的是子查询，select price from product where city='杭州' 返回的是所有 '杭州' 商品的售价，如图 5-27 所示。

price
1.2
4.6
12.5
60.0
39.9

图 5-27

然后执行的是父查询，也就是查找 city 为 '广州'，并且 price 和 1.2、4.6、12.5、60.0、39.9 这 5 个中任意一个相同就可以了。"=any" 等价于 "in"，对于这个例子来说，它等价于下面的 SQL 代码。

```
select name, price
from product
where city = '广州' and price in (
    select price from product where city = '杭州'
);
```

此外，由于 some 等价于 any。对于这个例子来说，下面两种方式是等价的。

```sql
-- 方式1：any
select name, price
from product
where city = '广州' and price = any (
    select price from product where city = '杭州'
);

-- 方式2：some
select name, price
from product
where city = '广州' and price = some(
    select price from product where city = '杭州'
);
```

最后，对于 all、any、some 关键字，我们需要清楚以下 3 点。
- all、any、some 必须要和比较运算符一起使用。
- "=any" 等价于 "in"。
- "<>all" 等价于 "not in"。

5.3.3 关联子查询

如果想要查找 price 大于其平均值的所有商品，使用单值子查询就可以轻松实现。现在思考这样一个问题：以类型（type）作为分组，如何找出每一组中大于该组平均售价的所有商品呢？

首先执行下面的 SQL 语句来确认 product 表的情况，运行结果如图 5-28 所示。

```sql
select name, type, price
from product;
```

name	type	price
橡皮	文具	2.5
尺子	文具	1.2
铅笔	文具	4.6
筷子	餐具	39.9
汤勺	餐具	12.5
盘子	餐具	89.0
衬衫	衣服	69.0
裙子	衣服	60.0
夹克	衣服	79.0
短裤	衣服	39.9

图 5-28

type 的取值有 3 种：'文具'、'餐具'、'衣服'。以"文具"这一组为例，所有"文具"类商品的平均售价为 (2.5+ 1.2 + 4.6) / 3 ≈ 2.77。也就是符合大于该组平均售价的商品只有 '铅笔'。

如果只考虑"文具"这一个分组，想要找出大于该组平均售价的商品，我们可以使用下面的 SQL 语句来实现，运行结果如图 5-29 所示。

```
select name, type, price
from product
where type = '文具' and price > (
    select avg(price) from product where type = '文具'
);
```

name	type	price
铅笔	文具	4.6

图 5-29

但这里的预期是找出"每一组"中大于该组平均售价的商品。也就是需要考虑每一组的情况，而不是只考虑其中一组的情况。此时又应该怎么实现呢？很多小伙伴可能会写出下面的 SQL 语句，运行结果如图 5-30 所示。

```
select name, type, price
from product
where price > (
    select avg(price) from product group by type
);
```

```
Subquery returns more than 1 row
时间: 0.022s
```

图 5-30

很明显上面这种方式是行不通的，原因很简单：子查询返回了多个值，而不是单个值。where 子句将 price 与多个值进行比较，这是不允许的。price 本身就是一组值，它应该与单个值进行比较。

那么 SQL 代码应该怎样写才能满足我们的预期呢？此时就需要用到"关联子查询"。我们先来看一下正确的代码是怎样写的。

▎ **举例：关联子查询**

```
select name, type, price
from product as e1
where price > (
    select avg(price)
    from product as e2
```

```
    where e1.type = e2.type
    group by type
);
```

运行结果如图 5-31 所示。

name	type	price
铅笔	文具	4.6
盘子	餐具	89.0
衬衫	衣服	69.0
夹克	衣服	79.0

图 5-31

▶ **分析：**

这里起关键作用的就是在子查询中添加的 where 子句。对于父查询和子查询来说，我们都是对 price 进行操作。为了进行区分，我们需要对父查询和子查询中的 price 起不同的别名。

where e1.type=e2.type 表示将父查询中的 type 和子查询中的 type 进行比较，如果两者相等则满足条件。e1.type 表示获取 e1 中的 type 列，而 e2.type 表示获取 e2 中的 type 列。初次接触的小伙伴可能会觉得难以理解，不过大家不用担心，等学习"第 10 章 多表查询"之后，会对这种写法非常熟悉。

所谓的关联子查询，指的是父查询和子查询是"相关联"的，子查询的条件需要依赖于父查询，所以上面使用了 where e1.type=e2.type 进行关联判断。我们只需要记住这么一句话就可以了：**如果想要在分组内部进行比较，就需要使用关联子查询。**

需要特别注意的是，关联子查询的关联条件判断一定要写在子查询中，而不是写在父查询中。关联子查询嘛，肯定写在"子查询"中。要不然我们为什么不叫"关联父查询"，而叫"关联子查询"呢，对吧？

```
-- 正确：写在子查询中
select name, type, price
from product as e1
where price > (
    select avg(price)
    from product as e2
    where e1.type = e2.type
    group by type
);

-- 错误：写在父查询中
select name, type, price
from product as e1
```

```
where e1.type = e2.type
and price > (
    select avg(price)
    from product as e2
    group by type
);
```

5.4 本章练习

一、单选题

1. 如果一个查询的结果成为另一个查询的条件，这种查询方式叫作（   ）。
   A. 连接查询　　　　B. 父查询　　　　C. 自查询　　　　D. 子查询
2. 如果想要使用 like 关键字来匹配单个字符，应该使用（   ）通配符。
   A. %　　　　　　　B. *　　　　　　　C. _　　　　　　　D. /
3. 在 SQL 中，与"not in"等价的运算符是（   ）。
   A. =some　　　　　B. <>some　　　　C. =all　　　　　　D. <>all
4. 当子查询返回多个值（多行数据）时，可以使用（   ）关键字来处理。
   A. in　　　　　　　B. all　　　　　　C. some　　　　　　D. 以上都可以
5. 当子查询的条件需要依赖父查询时，这类查询也叫作（   ）。
   A. 关联子查询　　　　　　　　　　　B. 内连接查询
   C. 全外连接查询　　　　　　　　　　D. 自然连接查询
6. 下面关于模糊查询的说法中，正确的是（   ）。
   A. like 关键字必须结合通配符一起使用
   B. rand() 函数一般需要结合 order by 子句一起使用
   C. MySQL、SQL Server、Oracle 实现随机查询的语法是一样的
   D. 子查询只能返回单个值，而不能返回多个值

二、简答题

1. 如果子查询返回多个值（多行数据），我们可以使用哪些关键字来处理？
2. 请简述一下普通子查询和关联子查询在执行上有什么区别？

三、编程题

下面有一个 student 表（如表 5-5 所示），请写出对应的 SQL 语句。

表 5-5 student 表

id	name	sex	grade	birthday	major
1	张欣欣	女	86	2000-03-02	计算机科学
2	刘伟达	男	92	2001-06-13	网络工程
3	杨璐璐	女	72	2000-05-01	软件工程
4	王明刚	男	80	2002-10-17	电子商务
5	张伟	男	65	2001-11-09	人工智能

（1）查询出所有姓"张"的学生记录。
（2）查询出所有不是姓"刘"的学生记录。
（3）查询出所有姓"张"并且名字长度是 3 个中文汉字的学生记录。
（4）查询出姓名第 2 个字是"伟"的学生记录。
（5）查询比"杨璐璐"生日晚的所有男生的姓名和生日。
（6）查询比所有女生生日晚的男生的姓名和生日。
（7）查询和任意女生出生年份相同的男生的姓名和出生年份（注意是年份）。
（8）查询和任意女生出生年份不相同的男生的姓名和出生年份（注意是年份）。

注：获取日期的年份，可以使用第 6 章介绍的 year() 函数。

第 6 章 内置函数

6.1 内置函数简介

在 SQL 中,内置函数主要包括以下 8 类。
- 聚合函数
- 数学函数
- 字符串函数
- 时间函数
- 排名函数
- 加密函数
- 系统函数
- 其他函数

虽然 SQL 的函数很多,但本书只会介绍最常用的。对于这些函数,小伙伴们不需要都记住,但至少要认真看一遍。然后等到实际开发需要时,再来回顾一下即可。另外,对于其他不常用的函数,请自行查阅官方文档。

对于内置函数,我们需要注意以下两点。
- 内置函数一般都在 select 子句中使用,而不能在 where 等子句中使用。
- 不同的 DBMS 内置函数略有不同,本章介绍的函数都适用于 MySQL,但并不一定适用于其他 DBMS(如 SQL Server、Oracle 等)。

6.2 数学函数

凡是涉及编程,就离不开数学计算。在 MySQL 中,常用的数学函数如表 6-1 所示。

表 6-1 常用的数学函数

函　　数	说　　明
abs()	求绝对值
mod()	求余
round()	四舍五入
truncate()	截取小数
sign()	获取符号
pi()	获取圆周率
rand()	获取随机数（0～1）
ceil()	向上取整
floor()	向下取整

接下来在 Navicat for MySQL 中创建一个名为"math_test"的表，其结构如表 6-2 所示，其数据如表 6-3 所示。

表 6-2　math_test 表的结构

列　名	类　型	长　度	小　数　点	允许 NULL	是否主键	是否递增
a	decimal	5	1	√	×	×
b	decimal	5	2	√	×	×
c	int			√	×	×
d	int			√	×	×
e	decimal	5	1	√	×	×

表 6-3　math_test 表的数据

a	b	c	d	e
520.0	-3.14	64	7	3.0
-250.0	8.88	56	4	0.4
-320.0	-1.55	36	9	0.6
365.0	6.66	84	5	-1.1
640.0	-2.12	20	7	-1.9

6.2.1　求绝对值：abs()

在 MySQL 中，我们可以使用 abs() 函数来对数值求绝对值。其中，abs 是"absolute"（绝对的）的缩写。

▍语法：

```
abs(列名)
```

▍说明：

abs() 函数可以对整数求绝对值，也可以对小数（浮点数或定点数）求绝对值。

▍举例：

```
select a,
       abs(a) as 绝对值
from math_test;
```

运行结果如图 6-1 所示。

a	绝对值
520.0	520.0
-250.0	250.0
-320.0	320.0
365.0	365.0
640.0	640.0

图 6-1

▍分析：

在这个例子中，第 1 列是原值，第 2 列是使用 abs() 函数计算出来的绝对值。如果我们执行下面的 SQL 语句，此时结果如图 6-2 所示。

```
select a,
       abs(a) as 绝对值
from math_test;
```

a	绝对值
520.0	520.0
-250.0	250.0
-320.0	320.0
365.0	365.0
640.0	640.0

图 6-2

6.2.2 求余：mod()

在 MySQL 中，我们可以使用 mod() 函数来对整数求余。其中，mod 是"modulo"（求模）的缩写。

▶ 语法：

mod(被除数，除数)

▶ 说明：

mod() 函数只能对整数求余，而不能对小数求余。

▶ 举例：

```
select c, d,
       mod(c, d) as 求余
from math_test;
```

运行结果如图 6-3 所示。

c	d	求余
64	7	1
56	4	0
36	9	0
84	5	4
20	7	6

图 6-3

▶ 分析：

mod(c, d) 表示被除数是 c 这一列，而除数是 d 这一列。因为小数计算中是没有余数的概念的，所以只能对整数列求余。

如果非要对浮点数列求余，此时会得到一个奇怪的结果。比如执行下面的 SQL 语句，此时结果如图 6-4 所示。

```
select a, b,
       mod(a, b) as 求余
from math_test;
```

a	b	求余
520.0	-3.14	1.90
-250.0	8.88	-1.36
-320.0	-1.55	-0.70
365.0	6.66	5.36
640.0	-2.12	1.88

图 6-4

6.2.3 四舍五入：round()

在 MySQL 中，我们可以使用 round() 函数来对数值进行四舍五入处理。其中，round 表示"四舍五入"的意思。

▼ **语法**：
```
round(列名, n)
```

▼ **说明**：
n 是一个整数，表示四舍五入后保留的小数位数。

▼ **举例**：
```
select b,
       round(b, 1) as 四舍五入
from math_test;
```

运行结果如图 6-5 所示。

b	四舍五入
-3.14	-3.1
8.88	8.9
-1.55	-1.6
6.66	6.7
-2.12	-2.1

图 6-5

▼ **分析**：
如果指定小数位数为 1，那么会对小数点后的第 2 位进行四舍五入处理，如果指定小数位数为 2，那么会对小数点后的第 3 位进行四舍五入处理，以此类推。

6.2.4 截取小数：truncate()

在 MySQL 中，我们可以使用 truncate() 函数来截取 n 位小数。truncate() 与 round() 类似，但 truncate() 更加"霸道"，它是直接截取小数，而不会进行四舍五入处理。

▼ **语法**：
```
truncate(列名, n)
```

▼ 说明：

n 是一个正整数，表示截取 n 位小数。

▼ 举例：

```
select b,
       truncate(b, 1) as 截取1位小数
from math_test;
```

运行结果如图 6-6 所示。

b	截取1位小数
-3.14	-3.1
8.88	8.8
-1.55	-1.5
6.66	6.6
-2.12	-2.1

图 6-6

▼ 分析：

truncate(b, 1) 表示针对 b 这一列进行操作，保留 1 位小数（这里不会四舍五入）。

6.2.5 获取符号：sign()

在 MySQL 中，我们可以使用 sign() 函数来获取数字的符号。

▼ 语法：

```
sign(列名)
```

▼ 说明：

如果是负数，则返回 -1；如果是 0，则返回 0；如果是正数，则返回 1。

▼ 举例：

```
select a,
       sign(a) as 符号
from math_test;
```

运行结果如图 6-7 所示。

a	符号
520.0	1
-250.0	-1
-320.0	-1
365.0	1
640.0	1

图 6-7

6.2.6 获取圆周率：pi()

在 MySQL 中，我们可以使用 pi() 函数来获取圆周率。

▼ **语法**：

```
pi()
```

▼ **说明**：

pi() 函数没有任何参数。

▼ **举例**：

```
select pi() as 圆周率;
```

运行结果如图 6-8 所示（显示为 6 位小数）。

圆周率
3.141593

图 6-8

6.2.7 获取随机数：rand()

在 MySQL 中，我们可以使用 rand() 函数来获取 0 ~ 1 的随机数。

▼ **语法**：

```
rand()
```

▼ **说明**：

rand() 函数没有任何参数。

▶ 举例：

```
select rand() as 随机数；
```

运行结果如图 6-9 所示。

随机数
0.6425170867168504

图 6-9

6.2.8 向上取整：ceil()

在 MySQL 中，我们可以使用 ceil() 函数来对一个数向上取整。所谓的"向上取整"，指的是返回大于或等于指定数的"最近的那个整数"。

其中，ceil 是"天花板"的意思，所以才叫"向上取整"。

▶ 语法：

```
ceil(列名)
```

▶ 举例：

```
select e,
       ceil(e) as 向上取整
from math_test;
```

运行结果如图 6-10 所示。

e	向上取整
3.0	3
0.4	1
0.6	1
-1.1	-1
-1.9	-1

图 6-10

▶ 分析：

从这个例子可以看出，在 ceil(x) 中，如果 x 只有整数部分（小数部分为 0），那么直接返回 x；如果 x 小数部分不为 0，那么返回大于 x 最近的那个整数，如图 6-11 所示。

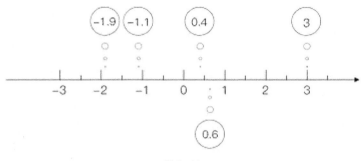

图 6-11

6.2.9 向下取整：floor()

在 MySQL 中，我们可以使用 floor() 函数来对一个数向下取整。所谓的"向下取整"，指的是返回小于或等于指定数的"最近的那个整数"。

其中，floor 是"地板"的意思，所以才叫"向下取整"。

▼ 语法：

```
floor(列名)
```

▼ 举例：

```
select e,
       floor(e) as 向下取整
from math_test;
```

运行结果如图 6-12 所示。

e	向下取整
3.0	3
0.4	0
0.6	0
-1.1	-2
-1.9	-2

图 6-12

▼ 分析：

从这个例子可以看出，在 floor(x) 中，如果 x 只有整数部分（小数部分为 0），那么直接返回 x；如果 x 小数部分不为 0，那么返回小于 x 最近的那个整数，如图 6-13 所示。

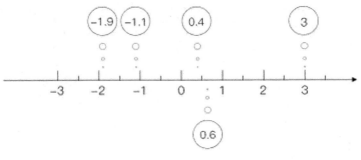

图 6-13

6.3 字符串函数

所谓的字符串函数，一般用于对字符串类型的列进行操作。在 MySQL 中，常用的字符串函数如表 6-4 所示。

表 6-4 常用的字符串函数

函数	说明
length()	求字符串长度
trim()	同时去除开头和结尾的空格
ltrim()	去除开头的空格
rtrim()	去除结尾的空格
reverse()	反转字符串
repeat()	重复字符串
replace()	替换字符串
substring()	截取字符串
left()	截取开头 n 个字符
right()	截取结尾 n 个字符
concat()	拼接字符串（不使用连接符）
concat_ws()	拼接字符串（使用连接符）
lower()	转换为小写
upper()	转换为大写
lpad()	在左边补全
rpad()	在右边补全

接下来我们在 Navicat for MySQL 中创建一个名为"string_test"的表，其结构如表 6-5 所示，其数据如表 6-6 所示。

表 6-5　string_test 表的结构

列　　名	类　　型	长　　度	小　数　点	允许 NULL	是否主键	注　　释
id	int			×	√	编号
firstname	varchar	20		√	×	名字
lastname	varchar	20		√	×	姓氏
sex	varchar	5		√	×	性别
age	int			√	×	年龄
company	varchar	50		√	×	公司

表 6-6　string_test 表的数据

id	firstname	lastname	sex	age	company
1	Bill	Gates	male	66	Microsoft
2	Mark	Zuckerberg	male	37	Facebook
3	Tim	Cook	male	61	Apple
4	Elon	Musk	male	50	Tesla
5	Larry	Page	male	48	Google

6.3.1　获取长度：length()

在 MySQL 中，我们可以使用 length() 函数来获取字符串的长度。

▼ **语法**：

```
length(列名)
```

▼ **举例**：

```
select firstname,
       length(firstname) as 长度
from string_test;
```

运行结果如图 6-14 所示。

firstname	长度
Bill	4
Mark	4
Tim	3
Elon	4
Larry	5

图 6-14

▶ **分析：**

length(firstname) 表示获取 firstname 这一列中每一个字符串的长度。

6.3.2 去除空格：trim()

在 MySQL 中，我们可以使用 trim() 函数来去除字符串首尾的空格（包括换行符）。

▶ **语法：**

```
trim(列名)
```

▶ **说明：**

如果只想去除字符串开头的空格，可以使用 ltrim() 函数来实现；如果只想去除字符串结尾的空格，可以使用 rtrim() 函数来实现。其中，ltrim 是 "left trim" 的缩写，而 rtrim 是 "right trim" 的缩写。

接下来，我们尝试在 Navicat for MySQL 中在 company 这一列的数据前面加上若干空格，此时 string_test 表的数据情况如图 6-15 所示。

id	firstname	lastname	sex	age	company
1	Bill	Gates	male	66	Microsoft
2	Mark	Zuckerberg	male	37	Facebook
3	Tim	Cook	male	61	Apple
4	Elon	Musk	male	50	Tesla
5	Larry	Page	male	48	Google

图 6-15

▶ **举例：**

```
select company,
       trim(company) as 去除空格
from string_test;
```

运行结果如图 6-16 所示。

company	去除空格
Microsoft	Microsoft
Facebook	Facebook
Apple	Apple
Tesla	Tesla
Google	Google

图 6-16

▶ 分析：

从结果可以看出来，trim() 函数已经把 company 这一列字符串左边的空格都去掉了。上面加入空格只是为了测试，为了方便后面内容的学习，我们需要在 Navicat for MySQL 中手动把 company 这一列中的空格去掉。

6.3.3 反转字符串：reverse()

在 MySQL 中，我们可以使用 reverse() 函数来将字符串中的所有字符进行逆序排列，也就是"反转字符串"。

▶ 语法：

```
reverse(列名)
```

▶ 举例：

```
select firstname,
       reverse(firstname) as 反转
from string_test;
```

运行结果如图 6-17 所示。

firstname	反转
Bill	lliB
Mark	kraM
Tim	miT
Elon	nolE
Larry	yrraL

图 6-17

6.3.4 重复字符串：repeat()

在 MySQL 中，我们可以使用 repeat() 函数来将字符串重复多次。

▶ 语法：

```
repeat(列名, n)
```

▶ 说明：

n 是一个正整数，表示重复的次数。

▶ **举例**：

```
select repeat(company, 3) as 重复结果
from string_test;
```

运行结果如图 6-18 所示。

重复结果
MicrosoftMicrosoftMicrosoft
FacebookFacebookFacebook
AppleAppleApple
TeslaTeslaTesla
GoogleGoogleGoogle

图 6-18

▶ **分析**：

repeat(company, 3) 表示将 company 这一列的字符串重复 3 次。

6.3.5 替换字符串：replace()

在 MySQL 中，我们可以使用 replace() 函数来将字符串的一部分替换成另一个字符串。

▶ **语法**：

```
replace(列名, A, B)
```

▶ **说明**：

replace(列名, A, B) 表示将列中的 A 替换成 B。replace() 函数不仅可以替换字符串的一部分，也可以替换整个字符串。

▶ **举例**：

```
select firstname,
       lastname,
       replace(sex, 'male', '男') as sex
from string_test;
```

运行结果如图 6-19 所示。

firstname	lastname	sex
Bill	Gates	男
Mark	Zuckerberg	男
Tim	Cook	男
Elon	Musk	男
Larry	Page	男

图 6-19

▼ 分析：

replace(sex, 'male', ' 男 ') 表示将 sex 这一列中的"male"替换成"男"。

6.3.6 截取字符串：substring()

在 MySQL 中，我们可以使用 substring() 函数来截取字符串的一部分。

▼ 语法：

```
substring(列名, start, length)
```

▼ 说明：

start 是开始位置，length 是截取长度。该语法表示从该列的 start 处开始截取，截取的长度为 length。

▼ 举例：

```
select company,
       substring(company, 1, 3) as 截取结果
from string_test;
```

运行结果如图 6-20 所示。

company	截取结果
Microsoft	Mic
Facebook	Fac
Apple	App
Tesla	Tes
Google	Goo

图 6-20

▼ 分析：

substring(company, 1, 3) 表示从 company 这一列的第 1 个字符开始截取，截取的长度为 3。其中，截取结果是包含第 1 个字符的。

6.3.7 截取开头结尾：left()、right()

在 MySQL 中，我们可以使用 left() 函数来截取开头的 n 个字符，也可以使用 right() 函数来截取结尾的 n 个字符。

语法：

```
left(列名, n)
right(列名, n)
```

说明：

left() 和 right() 这两个函数的参数都是相同的。n 是一个正整数，表示截取 n 个字符。

举例：left()

```
select company,
       left(company, 3) as 前3个字符
from string_test;
```

运行结果如图 6-21 所示。

company	前3个字符
Microsoft	Mic
Facebook	Fac
Apple	App
Tesla	Tes
Google	Goo

图 6-21

举例：right()

```
select company,
       right(company, 3) as 后3个字符
from string_test;
```

运行结果如图 6-22 所示。

company	后3个字符
Microsoft	oft
Facebook	ook
Apple	ple
Tesla	sla
Google	gle

图 6-22

6.3.8 拼接字符串：concat()

在 MySQL 中，我们可以使用 concat() 函数来连接两个或多个列。需要注意的是，concat()

函数要求被连接的列都是字符串类型的。

▌ 语法：

```
concat(列名1，列名2，...，列名n)
```

▌ 说明：

concat() 函数表示直接将多个列连接起来，列与列之间是没有任何东西的。如果想要在列与列之间添加一个连接符，我们可以使用 concat_ws() 函数来实现，其语法如下。

```
concat_ws(连接符，列名1，列名2，...，列名n)
```

▌ 举例：concat()

```
select concat(firstname, lastname) as 姓名
from string_test;
```

运行结果如图 6-23 所示。

姓名
BillGates
MarkZuckerberg
TimCook
ElonMusk
LarryPage

图 6-23

▌ 分析：

concat(firstname, lastname) 表示直接对 firstname 和 lastname 进行连接。需要说明的是，很多编程语言（包括 SQL Server），都可以使用 "+" 来实现字符串的拼接。但是 MySQL 中的 "+" 只能用于实现数字的相加，而不能实现字符串的拼接。像下面的 SQL 语句是有问题的，小伙伴们可以自行试一下。

```
-- 错误方式
select firstname + lastname as 姓名
from string_test;
```

对于 MySQL 来说，如果想要实现字符串的拼接，我们只能使用 concat() 或 concat_ws() 这样的函数来实现，而不能使用 "+" 来实现。

▌ 举例：concat_ws()

```
select concat_ws(',', firstname, lastname) as 姓名
from string_test;
```

运行结果如图 6-24 所示。

图 6-24

▶ 分析：

concat_ws(',', firstname, lastname) 表示使用英文逗号（,）作为连接符来对 firstname 和 lastname 这两列进行连接。

▶ 举例：使用空格作为连接符

```sql
select concat_ws(' ', firstname, lastname) as 姓名
from string_test;
```

运行结果如图 6-25 所示。

图 6-25

▶ 分析：

使用空格来连接 firstname 和 lastname，此时得到的就是一个人的完整姓名。

如果不需要使用连接符，那么 concat() 和 concat_ws() 都是可行的。其中 concat_ws() 的连接符使用空字符串就可以了（注意是空字符串，而不是空格）。下面两种方式是等价的。

```sql
-- 方式1
select concat(firstname, lastname) as 姓名
from string_test;

-- 方式2
select concat_ws('', firstname, lastname) as 姓名
from string_test;
```

6.3.9 大小写转换：lower()、upper()

在 MySQL 中，我们可以使用 lower() 函数来将字符串的大写字母转换为小写字母，也可以使用 upper() 函数来将字符串的小写字母转换为大写字母。

▼ **语法：**

```
lower(列名)
upper(列名)
```

▼ **举例：lower()**

```
select firstname,
       lower(firstname) as 转换小写
from string_test;
```

运行结果如图 6-26 所示。

firstname	转换小写
Bill	bill
Mark	mark
Tim	tim
Elon	elon
Larry	larry

图 6-26

▼ **举例：upper()**

```
select firstname,
       upper(firstname) as 转换大写
from string_test;
```

运行结果如图 6-27 所示。

firstname	转换大写
Bill	BILL
Mark	MARK
Tim	TIM
Elon	ELON
Larry	LARRY

图 6-27

6.3.10　填充字符串：lpad()、rpad()

在 MySQL 中，我们可以使用 lpad() 和 rpad() 这两个函数来实现字符串的长度补全。如果某个字符串不够指定长度，lpad() 会在其头部补全，而 rpad() 会在其尾部补全。

▼ 语法：

```
lpad(列名, length, str)
rpad(列名, length, str)
```

▼ 说明：

lpad() 和 rpad() 接收的参数都是相同的。length 是指定长度，str 是填充的字符。

▼ 举例：

```
select firstname,
       lpad(firstname, 10, '*') as 填充结果
from string_test;
```

运行结果如图 6-28 所示。

firstname	填充结果
Bill	******Bill
Mark	******Mark
Tim	*******Tim
Elon	******Elon
Larry	*****Larry

图 6-28

▼ 分析：

lpad(firstname, 10, '*') 表示针对 firstname 进行操作，如果 firstname 的长度不足 10，就会在其左边使用 "*" 填充。

对于这个例子来说，如果我们将 lpad() 改为 rpad()，此时运行结果如图 6-29 所示。

firstname	填充结果
Bill	Bill******
Mark	Mark******
Tim	Tim*******
Elon	Elon******
Larry	Larry*****

图 6-29

6.4 时间函数

时间函数，指的是对日期时间型数据进行操作的函数。在 MySQL 中，常用的时间函数如表 6-7 所示。

表 6-7 常用的时间函数

函 数	说 明
curdate()	获取当前日期
curtime()	获取当前时间
now()	获取当前日期时间
year()	获取年份，返回 4 位数字
month()	获取月份，返回 1～12 的整数
monthname()	获取月份，返回英文月份名
dayofweek()	获取星期，返回 1～7 的整数
dayname()	获取星期，返回英文星期名
dayofmonth()	获取天数，即该月中第几天
dayofyear()	获取天数，即该年中第几天
quarter()	获取季度，返回 1～4 的整数

6.4.1 获取当前日期：curdate()

在 MySQL 中，我们可以使用 curdate() 函数来获取当前的日期，返回的格式为 "YYYY-MM-DD" 或 "YYYYMMDD"。

其中，curdate 是 "current date"（当前日期）的缩写。

▶ **语法**：

```
curdate()
```

▶ **说明**：

除了 curdate() 函数，还有 current_date() 函数，它们的功能是一样的。

▶ **举例**：

```
select curdate();
```

运行结果如图 6-30 所示。

curdate()
2022-02-08

图 6-30

6.4.2 获取当前时间：curtime()

在 MySQL 中，我们可以使用 curtime() 函数来获取当前的时间，返回的格式为"HH:MM:SS"或"HHMMSS"。

其中，curtime 是 "current time"（当前时间）的缩写。

▼ **语法**：

```
curtime()
```

▼ **说明**：

除了 curtime() 函数，还有 current_time() 函数，它们的功能是一样的。

▼ **举例**：

```
select curtime();
```

运行结果如图 6-31 所示。

curtime()
10:49:17

图 6-31

6.4.3 获取当前日期时间：now()

在 MySQL 中，我们可以使用 now() 函数来获取系统当前的日期时间，返回的格式为"YYYY-MM-DD HH:MM:SS"或"YYYYMMDDHHMMSS"。

▼ **语法**：

```
now()
```

▼ **说明**：

除了 now() 函数之外，current_timestamp()、localtime()、sysdate() 这 3 个函数同样可以

获取系统当前的日期时间。

> **举例：**

```
select now();
```

运行结果如图 6-32 所示。

now()
2022-02-08 10:50:51

图 6-32

6.4.4 获取年份：year()

在 MySQL 中，我们可以使用 year() 函数来获取指定日期的年份。

> **语法：**

```
year(列名)
```

> **说明：**

year() 函数要求该列必须是一个日期时间型数据，而不能是其他类型的数据。

> **举例：**

```
select rdate as 日期,
       year(rdate) as 年份
from product;
```

运行结果如图 6-33 所示。

日期	年份
2022-03-19	2022
2022-01-21	2022
2022-05-01	2022
2022-05-27	2022
2022-07-05	2022
2022-12-12	2022
2022-08-11	2022
2022-06-18	2022
2022-09-01	2022
2022-10-24	2022

图 6-33

6.4.5 获取月份：month()、monthname()

在 MySQL 中，我们可以使用 month() 或 monthname() 函数来获取指定日期的月份。

▼ **语法**：

```
month(列名)
monthname(列名)
```

▼ **说明**：

month() 函数返回的是 1 ~ 12 的数字，而 monthname() 返回的是月份对应的英文名。

▼ **举例**：month()

```
select rdate as 日期,
       month(rdate) as 月份
from product;
```

运行结果如图 6-34 所示。

日期	月份
2022-03-19	3
2022-01-21	1
2022-05-01	5
2022-05-27	5
2022-07-05	7
2022-12-12	12
2022-08-11	8
2022-06-18	6
2022-09-01	9
2022-10-24	10

图 6-34

▼ **举例**：monthname()

```
select rdate as 日期,
       monthname(rdate) as 月份
from product;
```

运行结果如图 6-35 所示。

日期	月份
2022-03-19	March
2022-01-21	January
2022-05-01	May
2022-05-27	May
2022-07-05	July
2022-12-12	December
2022-08-11	August
2022-06-18	June
2022-09-01	September
2022-10-24	October

图 6-35

6.4.6　获取星期：dayofweek()、dayname()

在 MySQL 中，我们可以使用 dayofweek() 或 dayname() 函数来获取指定日期对应的星期。

▼ **语法**：

```
dayofweek(列名)
dayname(列名)
```

▼ **说明**：

dayofweek() 函数返回的是 1 ~ 7 的数字，其中 1 表示星期日，2 表示星期一……7 表示星期六。dayname() 函数返回的是星期对应的英文名。

此外还有 week() 函数，不过 week() 函数获取的是一年内的第几周，一般情况下我们使用得不多。

▼ **举例**：dayofweek()

```
select rdate as 日期,
       dayofweek(rdate) - 1 as 星期
from product;
```

运行结果如图 6-36 所示。

日期	星期
2022-03-19	6
2022-01-21	5
2022-05-01	0
2022-05-27	5
2022-07-05	2
2022-12-12	1
2022-08-11	4
2022-06-18	6
2022-09-01	4
2022-10-24	1

图 6-36

▶ **分析：**

注意这里是 dayofweek(rdate)-1，而不是 dayofweek(rdate)。

▶ **举例：** dayname()

```
select rdate as 日期,
       dayname(rdate) as 星期
from product;
```

运行结果如图 6-37 所示。

日期	星期
2022-03-19	Saturday
2022-01-21	Friday
2022-05-01	Sunday
2022-05-27	Friday
2022-07-05	Tuesday
2022-12-12	Monday
2022-08-11	Thursday
2022-06-18	Saturday
2022-09-01	Thursday
2022-10-24	Monday

图 6-37

6.4.7 获取天数：dayofmonth()、dayofyear()

在 MySQL 中，我们可以使用 dayofmonth() 函数来获取指定日期是一个月中的第几天，也可以使用 dayofyear() 函数来获取指定日期是一年中的第几天。

▌语法：

```
dayofmonth(列名)
dayofyear(列名)
```

▌说明：

dayofmonth() 函数返回的是 1 ~ 31 的数字，dayofyear() 函数返回的是 1 ~ 366 的数字。

▌举例：dayofmonth()

```
select rdate as 日期,
       dayofmonth(rdate) as 该月第几天
from product;
```

运行结果如图 6-38 所示。

日期	该月第几天
2022-03-19	19
2022-01-21	21
2022-05-01	1
2022-05-27	27
2022-07-05	5
2022-12-12	12
2022-08-11	11
2022-06-18	18
2022-09-01	1
2022-10-24	24

图 6-38

▌举例：dayofyear()

```
select rdate as 日期,
       dayofyear(rdate) as 该年第几天
from product;
```

运行结果如图 6-39 所示。

日期	该年第几天
2022-03-19	78
2022-01-21	21
2022-05-01	121
2022-05-27	147
2022-07-05	186
2022-12-12	346
2022-08-11	223
2022-06-18	169
2022-09-01	244
2022-10-24	297

图 6-39

6.4.8 获取季度：quarter()

在 MySQL 中，我们可以使用 quarter() 函数来获取指定日期对应的是一年中的第几季度。

▌ **语法**：

```
quarter(date)
```

▌ **说明**：

quarter() 函数返回的是 1 ~ 4 的数字，其中 1 表示第 1 季度，2 表示第 2 季度，以此类推。

▌ **举例**：

```
select rdate as 日期,
       quarter(rdate) as 季度
from product;
```

运行结果如图 6-40 所示。

日期	季度
2022-03-19	1
2022-01-21	1
2022-05-01	2
2022-05-27	2
2022-07-05	3
2022-12-12	4
2022-08-11	3
2022-06-18	2
2022-09-01	3
2022-10-24	4

图 6-40

6.5 排名函数（属于窗口函数）

排名和排序是非常类似的，不过它们也有一定区别：排名会新增一个列，用于表示名次情况。在 MySQL 中，排名函数（属于窗口函数）有以下 3 种。

- rank()。
- row_number()。
- dense_rank()。

6.5.1 rank()

在 MySQL 中，rank() 函数用于给某一列的排序结果添加名次。不过 rank() 函数采用的是跳跃性的排名，比如有 4 名学生，其中有 2 名学生并列第 1 名，那么名次就是：1、1、3、4。

▶ **语法**：

```
rank() over(
    partition by 列名
    order by 列名 asc或desc
)
```

▶ **说明**：

partition by 表示根据某一列对结果进行分组，order by 表示对某一列进行排序。其中，partition by 是可选的，如果不需要分组，就不需要用到 partition by。

▶ **举例**：只有排名

```
select name as 名称,
       price as 售价,
       rank() over(order by price desc) as 排名
from product;
```

运行结果如图 6-41 所示。

名称	售价	排名
盘子	89.0	1
夹克	79.0	2
衬衫	69.0	3
裙子	60.0	4
筷子	39.9	5
短裤	39.9	5
汤勺	12.5	7
铅笔	4.6	8
橡皮	2.5	9
尺子	1.2	10

图 6-41

▶ **分析**：

上面例子表示对 price 这一列进行降序排列，排序完成之后再添加名次。从结果可以看出，第 5 名有两个，因此后面就没有第 6 名，而只有第 7 名，这其实很好理解。

▎举例：加上分组

```
select type as 类型,
       name as 名称,
       price as 售价,
       rank() over(partition by type order by price desc) as 排名
from product;
```

运行结果如图 6-42 所示。

类型	名称	售价	排名
文具	铅笔	4.6	1
文具	橡皮	2.5	2
文具	尺子	1.2	3
衣服	夹克	79.0	1
衣服	衬衫	69.0	2
衣服	裙子	60.0	3
衣服	短裤	39.9	4
餐具	盘子	89.0	1
餐具	筷子	39.9	2
餐具	汤勺	12.5	3

图 6-42

▎分析：

上面例子表示先对 type 这一列进行分组，再分别对每一组中的 price 进行降序排列，排序完成之后再添加名次。

6.5.2 row_number()

在 MySQL 中，row_number() 函数用于给某一列的排序结果添加行号。这一点我们从函数名上就可以看出来，row number 也就是"行号"的意思。

比如有 4 名学生，其中有 2 名学生并列第 1 名，那么行号只有一种情况：1、2、3、4。

▎语法：

```
row_number() over(
    partition by 列名
    order by 列名 asc或desc
)
```

6.5 排名函数（属于窗口函数）

▌ **说明：**

partition by 表示根据某一列对结果进行分组，而 order by 表示对某一列进行排序。其中，partition by 是可选的，如果不需要分组，就不需要用到 partition by。

row_number() 和 rank() 的语法是一样的，小伙伴们可以对比理解一下。

▌ **举例：**

```
select name as 名称,
       price as 售价,
       row_number() over(order by price desc) as 行号
from product;
```

运行结果如图 6-43 所示。

名称	售价	行号
盘子	89.0	1
夹克	79.0	2
衬衫	69.0	3
裙子	60.0	4
筷子	39.9	5
短裤	39.9	6
汤勺	12.5	7
铅笔	4.6	8
橡皮	2.5	9
尺子	1.2	10

图 6-43

▌ **分析：**

上面例子表示对 price 这一列进行降序排列，排序完成之后再添加行号。rank() 和 row_number() 这两个函数都先对列进行排序，排序完成之后，rank() 用于添加名次，而 row_number() 用于添加行号。

我们可以把 rank() 和 row_number() 放到同一个例子中进行对比，请看下面的例子。

▌ **举例：对比**

```
select name as 名称,
       price as 售价,
       rank() over(order by price desc) as 排名,
       row_number() over(order by price desc) as 行号
from product;
```

运行结果如图 6-44 所示。

名称	售价	排名	行号
盘子	89.0	1	1
夹克	79.0	2	2
衬衫	69.0	3	3
裙子	60.0	4	4
筷子	39.9	5	5
短裤	39.9	5	6
汤勺	12.5	7	7
铅笔	4.6	8	8
橡皮	2.5	9	9
尺子	1.2	10	10

图 6-44

▶ **分析：**

从结果可以很清楚地看出 rank() 和 row_number() 的区别：rank() 函数采用的是跳跃性的排名，可能会出现相同的名次（比如这里出现了 2 个"5"）；row_number() 函数采用的是连续性的排名，不会出现相同的行号。

▶ **举例：加上分组**

```
select type as 类型,
       name as 名称,
       price as 售价,
       row_number() over(partition by type order by price desc) as 行号
from product;
```

运行结果如图 6-45 所示。

类型	名称	售价	行号
文具	铅笔	4.6	1
文具	橡皮	2.5	2
文具	尺子	1.2	3
衣服	夹克	79.0	1
衣服	衬衫	69.0	2
衣服	裙子	60.0	3
衣服	短裤	39.9	4
餐具	盘子	89.0	1
餐具	筷子	39.9	2
餐具	汤勺	12.5	3

图 6-45

▌分析：

上面例子表示先对 type 这一列进行分组，再分别对每一组中的 price 进行排序，排序完成之后再添加行号。

6.5.3 dense_rank()

dense_rank() 函数结合了 rank() 函数和 row_number() 函数的特点，它的排序数字是连续不间断的。比如有 4 名学生，其中有 2 名学生并列第 1 名，那么它的结果是：1、1、2、3。

▌语法：

```
dense_rank() over(
    partition by 列名
    order by 列名 asc或desc
)
```

▌说明：

partition by 表示根据某一列对结果进行分组，而 order by 表示对某一列进行排序。其中，partition by 是可选的，如果不需要分组，就不需要用到 partition by。

▌举例：

```
select name as 名称,
       price as 售价,
       dense_rank() over(order by price desc) as 序号
from product;
```

运行结果如图 6-46 所示。

名称	售价	序号
盘子	89.0	1
夹克	79.0	2
衬衫	69.0	3
裙子	60.0	4
筷子	39.9	5
短裤	39.9	5
汤勺	12.5	6
铅笔	4.6	7
橡皮	2.5	8
尺子	1.2	9

图 6-46

▌分析：

上面例子表示对 price 这一列进行降序排列，排序完成之后再添加序号。我们把 rank()、row_number()、dense_rank() 函数放到同一个例子中对比，请看下面的例子。

▌举例：对比

```
select name as 名称,
       price as 售价,
       rank() over(order by price desc) as 排名,
       row_number() over(order by price desc) as 行号,
       dense_rank() over(order by price desc) as 序号(连续)
from product;
```

运行结果如图 6-47 所示。

名称	售价	排名	行号	序号（连续）
盘子	89.0	1	1	1
夹克	79.0	2	2	2
衬衫	69.0	3	3	3
裙子	60.0	4	4	4
筷子	39.9	5	5	5
短裤	39.9	5	6	5
汤勺	12.5	7	7	6
铅笔	4.6	8	8	7
橡皮	2.5	9	9	8
尺子	1.2	10	10	9

图 6-47

6.6 加密函数

在实际开发中，有些数据是非常重要的（比如用户的密码），我们不能以"明文"的形式将其存储到数据库里面，而是先对其加密后再进行存储。在 MySQL 中，常用的加密函数有两个，如表 6-8 所示。

表 6-8 常用的加密函数

函　　数	说　　明
md5()	使用 MD5 算法加密
sha1()	使用 SHA-1 算法加密

需要注意的是，password() 函数在 MySQL 最新版本中已经被移除了。

6.6.1　md5()

在 MySQL 中，md5() 函数表示使用 MD5 算法来对字符串加密。MD5 是使用非常广泛的一种算法，并且加密是不可逆的。

▶ **语法**：

```
md5(列名)
```

▶ **说明**：

如果列值为 NULL，那么 md5() 会直接返回 NULL，而不会对其加密。

▶ **举例**：

```
select name, md5(name)
from product;
```

运行结果如图 6-48 所示。

name	md5(name)
橡皮	cf70a4ed1eceff99b1496153dcc115a6
尺子	427a2b7c0bc0e01e72ddf74c1cf39507
铅笔	ffa77d1bfcf1d296040f1d2a3a2073a0
筷子	3e8a6bd737bb394a5888b450554a78cf
汤勺	48ed8a718cef6929267197294af4cdfc
盘子	068719593d88ac21b267f30d31f38583
衬衫	e91bb131a2580eb858cc6cbb97faa9d5
裙子	556b6f00f4d6e790553a126ae397c9ee
夹克	29ae9cb38de111118bf887c0389a002f
短裤	9dfb53f1133619350aed0b8d7c7c65db

图 6-48

6.6.2　sha1()

在 MySQL 中，sha1() 函数表示使用 SHA-1 算法来对字符串加密。sha1() 比 md5() 更安全，并且加密是不可逆的。

▶ **语法**：

```
sha1(列名)
```

▶ **说明**：

如果列值为 NULL，那么 sha1() 会直接返回 NULL，而不会对其加密。

▶ **举例**：

```
select name, sha1(name)
from product;
```

运行结果如图 6-49 所示。

name	sha1(name)
橡皮	85c5ac5971c927c52d7e54bd7310a67686309605
尺子	5e54c201cc10e230b946d9f7067df41f22af3ad7
铅笔	cd52d6c26eac71f33ec9eb77d62a49ef4dcf74b5
筷子	3785d811c4d3b92c5904be3fdf9fc52464619c77
汤勺	371a62463e93f513f5158cfb9de3bb93014ab6b6
盘子	257d6c3f819fce1e9c33722f2c32390633c0b4bd
衬衫	5fde9baa493b99f80d39f9e33a1779a506121995
裙子	3ea9aedcc85b62649cbb437fd4d68da2b48dc9de
夹克	774bbf4aa55e3860a77bc032928167bdd553cc12
短裤	df345af46682165459b26a62c5372fe4a4a9381d

图 6-49

6.7 系统函数

在 MySQL 中，系统函数主要用于获取当前数据库的信息。常用的系统函数有 4 个，如表 6-9 所示。

表 6-9 常用的系统函数

函　　数	说　　明
database()	获取数据库的名字
version()	获取当前数据库的版本号
user()	获取当前用户名
connection_id()	获取当前连接 ID

▶ **举例**：

```
select database() as 数据库名,
       version() as 版本号,
       user() as 用户名,
       connection_id() as 连接id;
```

运行结果如图 6-50 所示。

数据库名	版本号	用户名	连接id
lvye	8.0.19	root@localhost	627

图 6-50

6.8 其他函数

除了前文介绍的函数之外，MySQL 还有一些比较常用的函数，如表 6-10 所示。

表 6-10 其他函数

函　　数	说　　明
cast()	类型转换
if()	条件判断
ifnull()	条件判断，判断 NULL

6.8.1 cast()

在 MySQL 中，我们可以使用 cast() 函数来实现类型转换。所谓的类型转换，指的是将一种数据类型转换为另一种数据类型。

▼ 语法：

```
cast(列名 as type)
```

▼ 说明：

type 是类型名。转换的类型是有限制的，cast() 函数支持的类型如表 6-11 所示。

表 6-11 cast() 函数支持的类型

类　　型	说　　明
signed	整数（有符号）
unsigned	整数（无符号）
decimal	小数（定点数）
char	字符串
date	日期
time	时间
datetime	日期时间
binary	二进制

▶ **举例**：

```
select name as 名称,
       cast(price as signed) as 售价
from product;
```

运行结果如图 6-51 所示。

名称	售价
橡皮	3
尺子	1
铅笔	5
筷子	40
汤勺	13
盘子	89
衬衫	69
裙子	60
夹克	79
短裤	40

图 6-51

▶ **分析**：

price 原来的类型是 decimal（定点数），cast(price as signed) 表示将 price 的类型转换为 signed（整数）。

6.8.2 if()

在 MySQL 中，我们可以使用 if() 函数来对某一列的值进行条件判断。

▶ **语法**：

```
if(条件, 值1, 值2)
```

▶ **说明**：

如果条件返回 true，就显示值 1；如果条件返回 false，就显示值 2。

▶ **举例**：

```
select name as 名称,
       if(price >= 50, '高价', '一般') as 评级
from product;
```

运行结果如图 6-52 所示。

名称	评级
橡皮	一般
尺子	一般
铅笔	一般
筷子	一般
汤勺	一般
盘子	高价
衬衫	高价
裙子	高价
夹克	高价
短裤	一般

图 6-52

▶ **分析**：

if(price>=50,'高价','一般') 表示如果 price 大于等于 50，就显示 "高价"；如果小于 50，就显示 "一般"。

6.8.3　ifnull()

在 MySQL 中，我们可以使用 ifnull() 函数来判断某一列的值是否为 NULL。ifnull() 函数非常有用，它可以将某一列的 NULL 值替换为其他值。

▶ **语法**：

```
ifnull(列名，新值)
```

▶ **说明**：

如果列值不为 NULL，就显示列值；如果列值为 NULL，就显示新值。

▶ **举例**：

```
select name as 名称,
       ifnull(type, '未知') as 类型
from product_miss;
```

运行结果如图 6-53 所示。

名称	类型
橡皮	文具
尺子	文具
铅笔	未知
筷子	未知
汤勺	餐具
盘子	餐具
衬衫	未知
裙子	衣服
夹克	衣服
短裤	衣服

图 6-53

▶ **分析：**

ifnull(type, '未知') 表示如果 type 的值为 NULL，则使用"未知"来代替。

6.9 本章练习

单选题

1. 如果想要获取字符串的长度，我们可以使用（   ）函数来实现。
   A．count()　　　　B．len()　　　　C．length()　　　　D．sum()

2. 如果想要同时去除字符串首尾的空格，我们可以使用（   ）函数来实现。
   A．trim()　　　　B．ltrim()　　　　C．concat()　　　　D．substring()

3. 如果想要将 price 这一列转换为字符串类型，我们可以使用（   ）来实现。
   A．cast(price as varchar)　　　　B．price + ''
   C．str(price)　　　　　　　　　　D．string(price)

4. 如果想要返回指定日期时间是当月的第几天，我们可以使用（   ）函数。
   A．month()　　　B．monthname()　　　C．dayofmonth()　　　D．dayname()

5. 假设有 4 名学生，其中有 2 名学生并列第 1 名，如果使用 rank() 函数来添加排名，那么得到的名次是（   ）。
   A．1、2、3、4　　B．1、1、3、4　　C．1、1、2、3　　D．1、2、2、3

6. 下面关于内置函数的说法中，正确的是（   ）。
   A．所有 DBMS（包括 MySQL、SQL Server 等）的内置函数是一样的
   B．内置函数需要用户自己定义之后才能使用
   C．字符串函数只能用于字符串列，而不能用于数字列
   D．可以使用 floor() 函数来实现向上取整

第 7 章 数据修改

7.1 数据修改简介

在 SQL 中，对数据的操作主要可以分为两大类：①查询操作；②修改操作。前面章节介绍的主要是查询操作，也就是"select 语句"这一种。

SQL 主要有 3 种修改操作语句，如表 7-1 所示。需要清楚的是，这些操作都会对表数据进行修改。

表 7-1 修改操作语句

语 句	说 明
insert	插入数据
delete	删除数据
update	更新数据

对于 SQL 来说，它常用的操作有 4 种：增、删、查、改。细心的小伙伴可能会发现，很多数据结构（如数组、集合等）其实都有这 4 种操作。了解到这一点，可以让我们的学习思路更清晰。

7.2 插入数据：insert

7.2.1 insert 语句

在 SQL 中，我们可以使用 insert 语句来向表中插入数据。插入数据，也就是"增加数据"。

▶ 语法：

```
insert into 表名(列名1, 列名2, ..., 列名n)
values(值1, 值2, ..., 值n);
```

▶ 说明：

insert 语句由两部分组成：insert into 子句和 values 子句。特别注意一点，insert into 子句和 select 子句不一样，它是不可以单独使用的。

在某些情况下，insert 后面的"into"关键字是可以省略的。但是在实际开发中，我们并不推荐这样去做。

▶ 举例：插入一行数据

```
-- 插入数据
insert into employee(id, name, sex, age, title)
values(6, '露西', '女', 22, '产品经理');

-- 查看表
select * from employee;
```

运行结果如图 7-1 所示。

id	name	sex	age	title
1	张亮	男	36	前端工程师
2	李红	女	24	UI设计师
3	王莉	女	27	平面设计师
4	张杰	男	40	后端工程师
5	王红	女	32	游戏设计师
6	露西	女	22	产品经理

图 7-1

▶ 分析：

对于这个例子来说，其实同时执行了两条 SQL 语句：一条是 insert 语句，另一条是 select 语句。首先使用 insert 语句插入一行数据，然后使用 select 语句查看插入之后的数据表情况。如果同时执行多条 SQL 语句，记得在每一条 SQL 语句最后都加上"；"，否则无法正确执行。

由于 name、sex、title 这几列的类型是字符串型，所以插入的值需要加上引号（英文单引号或英文双引号都可以）。而对于数字型的值，则不需要加上引号。

将列名放在"()"之内，列与列之间使用英文逗号隔开，这种形式叫作"列清单"（column list）。而将值放在"()"之内，值与值之间使用英文逗号隔开，这种形式叫作"值清单"（value list）。

上面例子其实是对所有列都插入了数据，所以表名后面的列清单是可以省略的。此时 values 子句的值会按照从左到右的顺序赋值给每一列。对于这个例子来说，下面两种方式是等价的。

```sql
-- 不省略列清单
insert into employee(id, name, sex, age, title)
values(6, '露西', '女', 22, '产品经理');

-- 省略列清单
insert into employee
values(6, '露西', '女', 22, '产品经理');
```

▼ 举例：插入多行数据

```sql
-- 插入数据
insert into employee(id, name, sex, age, title)
values
(7, '杰克', '男', 25, 'Android工程师'),
(8, '汤姆', '男', 42, 'iOS工程师'),
(9, '莉莉', '女', 22, '需求分析师');

-- 查看表
select * from employee;
```

运行结果如图 7-2 所示。

id	name	sex	age	title
1	张亮	男	36	前端工程师
2	李红	女	24	UI设计师
3	王莉	女	27	平面设计师
4	张杰	男	40	后端工程师
5	王红	女	32	游戏设计师
6	露西	女	22	产品经理
7	杰克	男	25	Android工程师
8	汤姆	男	42	iOS工程师
9	莉莉	女	22	需求分析师

图 7-2

▼ 分析：

如果想要同时往一个数据表中插入多行数据，其实非常简单，只需要在 values 子句中使用多个值清单就可以了，其中值清单之间要使用英文逗号隔开。

> **数据库差异性**
>
> Oracle 和其他 DBMS（如 MySQL、SQL Server 等）不一样，如果想要在 Oracle 中一次性插入多行数据，我们应该使用 insert all 语句，具体语法如下。
>
> ▌ **语法**：
> ```
> insert all
>     into 表名 (列名1, 列名2, ..., 列名n) values (值1, 值2, ..., 值n)
>     into 表名 (列名1, 列名2, ..., 列名n) values (值1, 值2, ..., 值n)
>     ......
>     into 表名 (列名1, 列名2, ..., 列名n) values (值1, 值2, ..., 值n)
> select * from dual;
> ```
>
> ▌ **说明**：
>
> 在上面的语法中，每一条数据后面不需要加上英文逗号，并且语句的最后需要加上"select * from dual;"。
>
> 下面是不同的 DBMS 插入多行数据的方式，小伙伴们可以对比理解一下。
>
> ```
> -- MySQL和SQL Server
> insert into employee(id, name, sex, age, title)
> values
> (7, '杰克', '男', 25, 'Android工程师'),
> (8, '汤姆', '男', 42, 'iOS工程师'),
> (9, '莉莉', '女', 22, '需求分析师');
>
> -- Oracle
> insert all
>     into employee(id, name, sex, age, title) values (7, '杰克', '男', 25, 'Android工程师')
>     into employee(id, name, sex, age, title) values (8, '汤姆', '男', 42, 'iOS工程师')
>     into employee(id, name, sex, age, title) values (9, '莉莉', '女', 22, '需求分析师')
> select * from dual;
> ```

7.2.2 特殊情况

下面我们来深入了解一下 insert 语句的一些特殊情况，主要包括两个方面：① 顺序不一致；② 插入部分字段。

1. 顺序不一致

在插入数据时，insert 语句使用的字段顺序可以和表原来的字段顺序不一致，但是 values 子句中值的顺序一定要和 insert into 子句中字段的顺序一一对应。

举例：

```
-- 插入数据
insert into employee(title, age, sex, name, id)
values('游戏设计师', 35, '男', '亚伦', 10);

-- 查看表
select * from employee;
```

运行结果如图 7-3 所示。

id	name	sex	age	title
1	张亮	男	36	前端工程师
2	李红	女	24	UI设计师
3	王莉	女	27	平面设计师
4	张杰	男	40	后端工程师
5	王红	女	32	游戏设计师
6	露西	女	22	产品经理
7	杰克	男	25	Android工程师
8	汤姆	男	42	iOS工程师
9	莉莉	女	22	需求分析师
10	亚伦	男	35	游戏设计师

图 7-3

分析：

上面这种方式更加灵活，在实际开发中，我们一般是不太清楚表字段原来的顺序的，所以更多是使用上面这种方式来向一个表中插入数据。

2. 插入部分字段

在实际开发中，有时我们只需要插入某几个字段的数据，而其他字段都采用默认值。

举例：

```
-- 插入数据
insert into employee(id, name)
values(11, '安妮');

-- 查看表
select * from employee;
```

运行结果如图 7-4 所示。

id	name	sex	age	title
1	张亮	男	36	前端工程师
2	李红	女	24	UI设计师
3	王莉	女	27	平面设计师
4	张杰	男	40	后端工程师
5	王红	女	32	游戏设计师
6	露西	女	22	产品经理
7	杰克	男	25	Android工程师
8	汤姆	男	42	iOS工程师
9	莉莉	女	22	需求分析师
10	亚伦	男	35	游戏设计师
11	安妮	(Null)	(Null)	(Null)

图 7-4

▶ **分析**：

如果字段设置了默认值，就会使用默认值。如果字段没有设置默认值，就会使用 NULL 作为值。

7.2.3 replace 语句

我们都知道，作为主键的列的值具有唯一性。如果往一张表中插入已经存在的主键的记录，会发生什么呢？

▶ **举例**：

```
-- 插入数据
insert into employee(id, name, sex, age, title)
values(1, '张亮', '男', 36, 'Python工程师');

-- 查看表
select * from employee;
```

运行结果如图 7-5 所示。

```
> 1064 - You have an error in your SQL syntax; check the manual that
corresponds to your MySQL server version for the right syntax to use
near 'select * from employee' at line 6
> 时间: 0.036s
```

图 7-5

▶ **分析**：

从结果可以看出，SQL 直接报错了。为什么会这样呢？这是因为 id 是 employee 表的主键，表中数据已经存在一个"1"的 id，如果再往表中插入一个"1"的 id，此时就出现两个 id 为"1"的记录，这是有问题的。因为在同一张表中，主键的值是不允许相同的。

如果想要解决上面这个问题，其实非常简单，只需要使用 replace 语句替代 insert 语句就可以了。在 SQL 中，如果待插入的数据行中包含与已有数据行相同的主键值或 unique 列值，那么 insert 语句将无法插入成功，而只能使用 replace 语句才能插入成功。

▶ **举例**：

```sql
-- 插入数据
replace into employee(id, name, sex, age, title)
values(1, '张亮', '男', 36, 'Python工程师');

-- 查看表
select * from employee;
```

运行结果如图 7-6 所示。

id	name	sex	age	title
1	张亮	男	36	Python工程师
2	李红	女	24	UI设计师
3	王莉	女	27	平面设计师
4	张杰	男	40	后端工程师
5	王红	女	32	游戏设计师
6	露西	女	22	产品经理
7	杰克	男	25	Android工程师
8	汤姆	男	42	iOS工程师
9	莉莉	女	22	需求分析师
10	亚伦	男	35	游戏设计师
11	安妮	(Null)	(Null)	(Null)

图 7-6

▶ **分析**：

插入的记录会覆盖已经存在的记录，这相当于对原来的记录进行修改。如果只是为了修改数据，我们并不推荐使用 replace 语句，而推荐使用 7.3 节介绍的 update 语句。

数据库差异性

只有 MySQL 才可以使用 replace 语句，SQL Server 和 Oracle 是没有这种语句的。

7.3 更新数据：update

在 SQL 中，我们可以使用 update 语句来对表更新数据。所谓的更新数据，也就是对已有的数据进行修改。

▼ **语法**：

```
update 表名
set 列名 = 值;
```

▼ **说明**：

update 语句由两部分组成：update 子句和 set 子句。其中 set 子句用于对某一列设置一个新的值。对于 update 语句来说，我们一般需要使用 where 子句来指定条件。

在学习之前，我们先来确认一下 employee 表中的数据是怎样的，如图 7-7 所示。

图 7-7

▼ **举例：没有 where 子句**

```
-- 修改数据
update employee
set title = '技术总监';

-- 查看表
select * from employee;
```

运行结果如图 7-8 所示。

图 7-8

▶ 分析：

在这个例子中，set title='技术总监'表示将 title 这一列中**所有**的数据都修改为'技术总监'。也就是说，如果没有使用 where 子句来指定条件，那么 set 子句会作用于一列中所有的数据。

▶ 举例：使用 where 子句

```
-- 修改数据
update employee
set age = 40
where name = '张亮';

-- 查看表
select * from employee;
```

运行结果如图 7-9 所示。

图 7-9

▶ 分析:

如果使用了 where 子句，就只会对满足条件的行进行修改。在实际开发中，一般情况下我们都需要使用 where 子句来指定条件。

▶ 举例：修改多列

```sql
-- 修改数据
update employee
set age = age + 10,
    title = '销售经理'
where name = '李红';

-- 查看表
select * from employee;
```

运行结果如图 7-10 所示。

id	name	sex	age	title
1	张亮	男	40	技术总监
2	李红	女	34	销售经理
3	王莉	女	27	技术总监
4	张杰	男	40	技术总监
5	王红	女	32	技术总监
6	露西	女	22	技术总监
7	杰克	男	25	技术总监
8	汤姆	男	42	技术总监
9	莉莉	女	22	技术总监
10	亚伦	男	35	技术总监
11	安妮	(Null)	(Null)	技术总监

图 7-10

▶ 分析:

如果想要同时修改多列，"列名 = 值"与"列名 = 值"之间需要使用英文逗号隔开。当然，set 子句中的列不仅可以是 2 列，也可以是 3 列或更多列，小伙伴们可以自行去试一下。

▶ 举例：设置值为 NULL

```sql
-- 修改数据
update employee
set title = NULL
where name = '王莉';

-- 查看表
select * from employee;
```

运行结果如图 7-11 所示。

id	name	sex	age	title
1	张亮	男	40	技术总监
2	李红	女	34	销售经理
3	王莉	女	27	(Null)
4	张杰	男	40	技术总监
5	王红	女	32	技术总监
6	露西	女	22	技术总监
7	杰克	男	25	技术总监
8	汤姆	男	42	技术总监
9	莉莉	女	22	技术总监
10	亚伦	男	35	技术总监
11	安妮	(Null)	(Null)	技术总监

图 7-11

▶ **分析**：

和 insert 语句一样，update 语句也可以将 NULL 作为一个值来使用。

7.4 删除数据：delete

7.4.1 delete 语句

在 SQL 中，我们可以使用 delete 语句来删除表中的部分或全部数据。

▶ **语法**：

```
delete from 表名
where 条件;
```

▶ **说明**：

delete 语句由两部分组成：delete from 子句和 where 子句。其中，where 子句是可选的，它用于指定删除的条件。

如果省略 where 子句，就表示删除所有的数据行，也就是清空整张表。在实际开发中，我们一般需要使用 where 子句来指定条件。

在学习之前，我们先来确认一下 employee 表中的数据是怎样的，如图 7-12 所示。

id	name	sex	age	title
1	张亮	男	40	技术总监
2	李红	女	34	销售经理
3	王莉	女	27	(Null)
4	张杰	男	40	技术总监
5	王红	女	32	技术总监
6	露西	女	22	技术总监
7	杰克	男	25	技术总监
8	汤姆	男	42	技术总监
9	莉莉	女	22	技术总监
10	亚伦	男	35	技术总监
11	安妮	(Null)	(Null)	技术总监

图 7-12

▌举例：删除一行数据

```
-- 删除数据
delete from employee
where name = '安妮';

-- 查看表
select * from employee;
```

运行结果如图 7-13 所示。

id	name	sex	age	title
1	张亮	男	40	技术总监
2	李红	女	34	销售经理
3	王莉	女	27	(Null)
4	张杰	男	40	技术总监
5	王红	女	32	技术总监
6	露西	女	22	技术总监
7	杰克	男	25	技术总监
8	汤姆	男	42	技术总监
9	莉莉	女	22	技术总监
10	亚伦	男	35	技术总监

图 7-13

▌分析：

这里执行了两条 SQL 语句：一条是 delete 语句，用于删除 name 这一列中值为 '安妮' 的这一行数据；另一条是 select 语句，用于查看删除之后表的数据情况。

▶ 举例：删除多行数据

```
-- 删除数据
delete from employee
where name in ('汤姆', '莉莉', '亚伦');

-- 查询表
select * from employee;
```

运行结果如图 7-14 所示。

id	name	sex	age	title
1	张亮	男	40	技术总监
2	李红	女	34	销售经理
3	王莉	女	27	(Null)
4	张杰	男	40	技术总监
5	王红	女	32	技术总监
6	露西	女	22	技术总监
7	杰克	男	25	技术总监

图 7-14

▶ 分析：

如果想要同时删除多行数据，我们可以使用 in 运算符来实现。对于这个例子来说，下面两种方式是等价的。

```
-- 方式1
delete from employee
where name in ('汤姆', '莉莉', '亚伦');

-- 方式2
delete from employee
where name = '汤姆' or name = '莉莉' or name = '亚伦';
```

在 where 子句中，也可以使用其他的判断条件，比如 where age > 30 之类的。我们再来看一个例子就知道了。

▶ 举例：

```
-- 删除数据
delete from employee
where age > 30;

-- 查看表
select * from employee;
```

运行结果如图 7-15 所示。

id	name	sex	age	title
3	王莉	女	27	(Null)
6	露西	女	22	技术总监
7	杰克	男	25	技术总监

图 7-15

> **分析：**

上面例子表示删除 employee 表中 age 大于 30 的所有记录。

delete 语句中只能使用 where 子句，而不能使用 order by、group by、having 这 3 种子句。原因很简单，order by 主要用于对查询结果进行排序，而 group by 和 having 主要用于对查询结果进行分组处理，所以它们对于删除数据是没有意义的。

7.4.2 深入了解

如果想要一次性删除表中所有的数据，我们有两种方式可以实现：一种是使用 delete 语句，另一种是使用 truncate table 语句。

```
-- 方式1
delete from employee;

-- 方式2
truncate table employee;
```

当 delete 语句中不使用 where 子句来限定条件时，会把表中所有的数据都删除。而 truncate table 语句则是直接清空表中所有的数据。delete 语句和 truncate table 语句都可以删除表中所有的数据，但是两者还是有一定区别的，包括以下 4 点。

- delete 语句属于 DML 语句，而 truncate table 语句属于 DDL 语句。
- delete 语句后面可以使用 where 子句来指定条件，从而实现删除部分数据。而 truncate table 语句只能删除所有数据。
- delete 语句是逐行进行删除的，并且每删除一行就在日志里记录一次。而 truncate table 语句则是一次性删除所有行，它不记录日志，只记录整个数据页的释放操作。所以 truncate table 语句的速度更快，性能更好，并且使用的系统和事务日志资源更少。
- 使用 delete 语句删除数据之后，再次往表中添加记录时，自增字段的值为删除时该字段的最大值加 1。使用 truncate table 语句删除数据之后，再次往表中添加记录时，自增字段的默认值被重置为 1。

现在 employee 表已被修改得"面目全非"了，为了方便后面内容的学习，我们需要把 employee 表的数据还原一下。只需要执行下面 3 条 SQL 语句即可，其运行结果如图 7-16 所示。

```
-- 清空表
truncate table employee;

-- 插入数据
insert into employee
values
(1, '张亮', '男', 36, '前端工程师'),
(2, '李红', '女', 24, 'UI设计师'),
(3, '王莉', '女', 27, '平面设计师'),
(4, '张杰', '男', 40, '后端工程师'),
(5, '王红', '女', 32, '室内设计师');

-- 查看表
select * from employee;
```

id	name	sex	age	title
1	张亮	男	36	前端工程师
2	李红	女	24	UI设计师
3	王莉	女	27	平面设计师
4	张杰	男	40	后端工程师
5	王红	女	32	室内设计师

图 7-16

最后需要说明的是，本章介绍的 insert、update、delete 语句，不仅可以用于操作表，同样可以用于操作视图。对于视图的使用，我们在后面"第 11 章　视图"中会详细介绍。

7.5　本章练习

一、单选题

1. 如果想要删除表中所有的数据（要求不能删除表），并且要求效率最高，此时应该使用（　　）。
   A. truncate table 语句　　　　　　　B. drop table 语句
   C. delete 语句　　　　　　　　　　　D. alter 语句
2. 在 SQL 中，修改操作语句不包括（　　）。
   A. create table 语句　　　　　　　　B. insert 语句
   C. delete 语句　　　　　　　　　　　D. update 语句
3. 如果想要插入的记录中主键值已经存在，此时可以使用（　　）来解决。
   A. insert 语句　　　　　　　　　　　B. replace 语句
   C. delete 语句　　　　　　　　　　　D. select 语句

4. delete from product where type=' 文具 '; 这一条语句表示（　　）。

   A. 只能删除 type=' 文具 ' 的一条记录

   B. 删除 type=' 文具 ' 的所有记录

   C. 只能删除 type=' 文具 ' 的最后一条记录

   D. 以上说法都不对

5. 往一张表中插入数据时，如果不指定列名，那么下列说法中正确的是（　　）。

   A. 值的顺序必须与表中列的顺序一致

   B. 值的顺序可以与表中列的顺序相反

   C. 值的顺序可以任意指定

   D. 以上说法都不对

6. 下面关于数据操作语句的说法中，不正确的是（　　）。

   A. 如果没有 where 子句，delete 语句会把所有记录都删除

   B. 如果没有 where 子句，update 语句会作用于整列中的所有记录

   C. insert 语句插入数据时，可以不指定列名

   D. insert 语句一次只能往表中插入一行记录

二、多选题

如果想要将 product 表中 id 为"5"的商品的 price 增加 10，那么正确的 SQL 语句是（　　）。（选 2 项）

A.
```
update product
set price += 10
where id = 5;
```

B.
```
update product
set price = price + 10
where id = 5;
```

C.
```
alter table product
set price += 10
where id = 5;
```

D.
```
alter table product
set price = price + 10
where id = 5;
```

三、简答题

请简述一下 delete 语句和 truncate table 语句的区别。

第 8 章 表的操作

8.1 表的操作简介

前面章节介绍的都是数据操作语句,主要有 4 种:select(查)、insert(增)、delete(删)、update(改)。这一章中,我们来介绍一下数据定义语句,主要有以下 3 种,如表 8-1 所示。

表 8-1 数据定义语句

语 句	说 明
create table	创建表
drop table	删除表
alter table	修改表

数据操作语句主要用于对表中数据的增、删、查、改操作,而数据定义语句主要用于对表的创建、删除或修改操作,这两类语句的操作对象是不一样的。

8.2 库操作

在 SQL 中,对于库的操作,主要包含以下 4 个方面。
- 创建库
- 查看库
- 修改库
- 删除库

8.2.1 创建库

在创建表之前，我们一定要先创建用来存储表的数据库。在 SQL 中，我们可以使用 create database 语句来创建库。

▼ 语法：

```
create database 库名;
```

▼ 说明：

创建数据库有两种方式：一种是使用 SQL 语句，另一种是使用软件。比如在"1.4 使用 Navicat for MySQL"这一节中，我们就是使用软件的方式创建了一个名为"lvye"的数据库。

▼ 举例：

```
create database test;
```

运行结果如图 8-1 所示。

图 8-1

▼ 分析：

当结果显示为"OK"时，就表示成功创建了一个名为"test"的数据库。执行代码之后，Navicat for MySQL 并不能立即显示 test 数据库，我们需要刷新当前连接才能显示。首先选中【mysql】，单击鼠标右键并选择【刷新】，如图 8-2 所示。刚刚创建的 test 数据库就显示出来了，如图 8-3 所示。

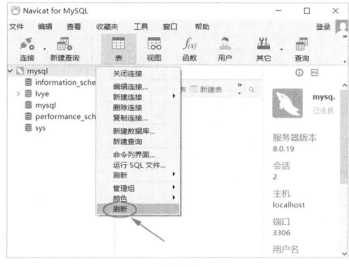
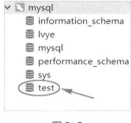

图 8-2　　　　　　　　　　　　　　　　　　　图 8-3

8.2.2　查看库

在 SQL 中，我们可以使用 show databases 语句来查看当前可用的数据库都有哪些。

▼ **语法**：

```
show databases;
```

▼ **说明**：

注意这里的 databases 是复数形式，后面有一个"s"。

▼ **举例**：

```
show databases;
```

运行结果如图 8-4 所示。

图 8-4

8.2.3 修改库

在 SQL 中，我们可以使用 alter database 语句来修改库。对于库的修改，主要是修改字符集以及校对规则。

其中，数据库的默认字符集为 latin1，默认校对规则为 latin1_swedish_ci。

▼ **语法**：

```
alter database 库名
default character set = 字符集名
default collate = 校对规则名;
```

▼ **举例**：

```
alter database test
default character set = gb2312
default collate = gb2312_chinese_ci;
```

运行结果如图 8-5 所示。

图 8-5

▼ **分析**：

当结果显示为"OK"时，就说明修改成功。在实际开发中，我们很少会去修改库的字符集以及校对规则，所以这里简单了解一下即可。

8.2.4 删除库

在 SQL 中，我们可以使用 drop database 语句来删除库。

▼ **语法**：

```
drop database 库名;
```

▼ **说明**：

删除库之后，该库下面所有的表以及数据都会被删除。所以小伙伴们一定要特别小心，不要删错了。

举例：

```
drop database test;
```

运行结果如图 8-6 所示。

```
> OK
> 时间: 0.05s
```

图 8-6

分析：

当结果显示为“OK”时，就表示成功把 test 数据库删除。如果使用 drop database 删除的库不存在，MySQL 会直接报错。请看下面的例子。

举例：删除的库不存在

```
drop database test1;
```

运行结果如图 8-7 所示。

```
> 1008 - Can't drop database 'test1'; database doesn't exist
> 时间: 0.001s
```

图 8-7

分析：

为了避免报错，我们可以加上 if exists，代码如下。这样即使库不存在也不会报错，只是不执行删除操作，小伙伴们可以自行试一下。

```
drop database if exists test1;
```

为了方便后面内容的学习，需要执行下面的 SQL 语句，重新创建一个名为“test”的数据库。

```
create database test;
```

> **数据库差异性**
>
> 如果是对库进行操作，对于 MySQL 和 SQL Server 来说，不管是使用 SQL 语句的方式，还是使用软件的方式，实现起来都比较简单。
>
> 但对于 Oracle 来说就不一样了，Oracle 使用 SQL 语句的方式操作起来是比较麻烦的，配置的东西比较多，所以最好还是使用软件的方式来实现。

8.3 创建表

创建好数据库之后，我们就可以创建表了。一个数据库中往往包含多张表。在 SQL 中，我们可以使用 create table 语句来创建表。

▶ **语法**：

```
create table 表名
(
    列名1 数据类型 列属性,
    列名2 数据类型 列属性,
    ……
    列名n 数据类型 列属性
);
```

▶ **说明**：

对于表中列的定义，我们需要使用"()"括起来。列与列之间需要使用英文逗号来隔开。对于每一列来说，列名、数据类型、列属性之间需要使用空格来隔开。如果有多个列属性，那么列属性与列属性之间也要使用空格来隔开。

数据类型我们知道是什么，那么这里所说的"列属性"又是什么东西呢？对于 SQL 来说，常见的列属性如表 8-2 所示。对于这些列属性，小伙伴们暂时不用过多深究，在第 9 章中我们会给大家详细介绍。

表 8-2 列的属性

属性	说明
default	默认值
not null	非空（不允许为空）
auto_increment	自动递增
check	条件检查
unique	唯一键
primary key	主键
foreign key	外键

在第 1 章中，我们在 lvye 这个数据库中创建了一个名为"product"的表，其结构如表 8-3 所示。

表 8-3　product 表的结构

列　名	类　型	长　度	小　数　点	允许 NULL	是否主键	注　释
id	int			×	√	商品编号
name	varchar	10		√	×	商品名称
type	varchar	10		√	×	商品类型
city	varchar	10		√	×	来源城市
price	decimal	5	1	√	×	出售价格
rdate	date			√	×	入库时间

接下来，我们尝试使用 SQL 代码的方式在 test 数据库中创建一个同样结构的 product 表。首先在 Navicat for MySQL 上方单击【新建查询】，然后依次选择【mysql】→【test】，如图 8-8 所示。

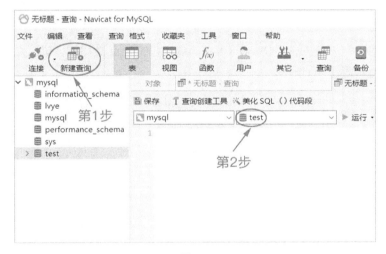

图 8-8

经过上面的操作，相当于选中了 test 数据库。后面执行的 SQL 语句就相当于针对 test 数据库进行操作，而不是对其他数据库进行操作。

除了上面这种方式之外，我们也可以使用 use 语句来指定一个已有的数据库作为当前数据库，这样就不用手动在 Navicat for MySQL 上面指定了。比如这里选取 test 数据库作为当前数据库，如下。

```
use test;
```

▶ **举例**：

```
create table product
(
    id          int primary key,
    name        varchar(10),
    type        varchar(10),
    city        varchar(10),
    price       decimal(5, 1),
    rdate       date
);
```

运行结果如图 8-9 所示。

```
> OK
> 时间: 0.06s
```

图 8-9

▶ **分析**：

结果显示"OK"，说明成功创建了一张表。我们打开 test 数据库，可以发现多了一张名为"product"的表，如图 8-10 所示。

图 8-10

创建表有两种方式：① 使用 SQL 代码；② 使用软件。很多初学的小伙伴会觉得使用软件这种方式更简单，而并不重视使用 SQL 代码的方式。那么是不是意味着使用 SQL 代码这种方式可有可无呢？

恰恰相反，使用 SQL 代码这种方式看起来比较麻烦，却是非常有用的。而使用软件这种方式在移植的时候是非常麻烦的，比如我们可能会遇到这样一种场景：在计算机 A 中创建了一个名为"product"的表之后，想要在其他 3 台计算机（B、C 和 D）中分别创建同样的 product 表。

如果使用软件的方式，我们必须一个一个字段手动地去创建，4 台计算机都需要重复操作一遍。可想而知，这样是非常浪费时间和精力的。但是如果使用 SQL 代码的方式，我们只需要把 SQL 代码复制一下，然后分别在这 4 台计算机中执行一遍就可以了，非常简单方便。

最后需要说明的是，本书所有表的 SQL 创建代码，都可以在本书配套文件中找到。小伙伴们直接复制代码到 Navicat for MySQL 中执行，就可以自动创建该表。

8.4 查看表

在 MySQL 中，如果想要查看数据表，可用以下 3 种语句。
- show tables
- show create table
- describe

8.4.1 show tables 语句

在 MySQL 中，我们可以使用 show tables 语句来查看当前数据库中有哪些表。

▶ **语法**：

```
show tables;
```

▶ **举例**：

```
show tables;
```

运行结果如图 8-11 所示。

Tables_in_test
product

图 8-11

▶ **分析**：

当然，我们可以查看一下之前的 lvye 数据库中有哪些表。首先在 Navicat for MySQL 中将当前数据库从 test 切换到 lvye，如图 8-12 所示。切换到 lvye 数据库之后，执行 show tables; 语句，此时结果如图 8-13 所示。

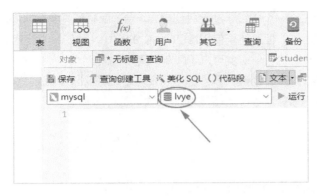

图 8-12　　　　　　　　　　　　　　图 8-13

8.4.2　show create table 语句

在 MySQL 中，我们可以使用 show create table 语句来查看表对应的 SQL 创建语句是什么。

▶ **语法**：

```
show create table 表名;
```

▶ **举例**：

```
show create table product;
```

运行结果如下。

```
CREATE TABLE `product` (
    `id` int NOT NULL COMMENT '商品编号',
    `name` varchar(10) CHARACTER SET utf8mb4 COLLATE utf8mb4_0900_ai_ci DEFAULT NULL COMMENT '商品名称',
    `type` varchar(10) DEFAULT NULL COMMENT '商品类型',
    `city` varchar(10) DEFAULT NULL COMMENT '来源城市',
    `price` decimal(10,1) DEFAULT NULL COMMENT '出售价格',
    `rdate` date DEFAULT NULL COMMENT '入库时间',
    PRIMARY KEY (`id`)
) ENGINE=InnoDB DEFAULT CHARSET=utf8mb4 COLLATE=utf8mb4_0900_ai_ci
```

▶ **分析**：

使用 show create table 语句不仅可以查看表的 SQL 创建语句，还可以查看其他的信息。比如当前使用的引擎是 InnoDB，使用的字符编码是 UTF-8。

使用 show create table 语句可以获取某一个表的 SQL 创建语句，如果我们想在其他计算机中创建相同结构的表，只需要复制一份过去执行就可以了，非常方便。

8.4.3 describe 语句

在 MySQL 中，我们可以使用 describe 语句来查看表的结构是怎样的。

▌ **语法**：

```
describe 表名;
```

▌ **说明**：

对于 describe 语句来说，下面两种方式是等价的，其中 desc 是 "describe"（描述）的缩写。

```
-- 方式1
describe 表名;

-- 方式2
desc 表名;
```

▌ **举例**：

```
describe product;
```

运行结果如图 8-14 所示。

Field	Type	Null	Key	Default	Extra
id	int	NO	PRI	(Null)	
name	varchar(10)	YES		(Null)	
type	varchar(10)	YES		(Null)	
city	varchar(10)	YES		(Null)	
price	decimal(1)	YES		(Null)	
rdate	date	YES		(Null)	

图 8-14

数据库差异性

　　show tables、show create table、describe 这 3 种语句只适用于 MySQL，并不适用于 SQL Server 和 Oracle。对于 SQL Server 和 Oracle 来说，我们更倾向于使用软件的方式来查看表，而不是使用 SQL 语句的方式。其中，SQL Server 使用的是 SSMS，Oracle 使用的是 PL/SQL Developer。

8.5 修改表

修改表，指的是修改数据库中已经存在的表的结构。对于表的修改，主要包括两个方面：① 修改表名；② 修改字段。

在对这一节的例子进行操作之前，我们要先确认 Navicat for MySQL 当前选中的是 test 数据库，如图 8-15 所示。

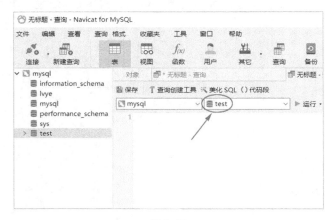

图 8-15

8.5.1 修改表名

在 MySQL 中，我们可以使用 alter table...rename to... 语句来修改表的名字。

▼ 语法：

```
alter table 旧表名
rename to 新表名；
```

▼ 说明：

rename to 可以简写为 rename，也就是说"to"是可以省略的。不过在实际开发中，我们一般使用 rename to 这种完整的方式。

▼ 举例：

```
alter table product
rename to product_new;
```

运行结果如图 8-16 所示。

图 8-16

▶ **分析：**

运行代码之后，我们选中 test 数据库下面的【表】，单击鼠标右键并选择【刷新】，如图 8-17 所示。然后会看到表名变成 product_new，如图 8-18 所示。

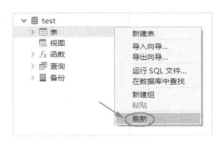

图 8-17

图 8-18

如果想要修改表名，除了使用 alter table...rename to... 语句之外，我们还可以使用 rename table...to... 语句。对于这个例子来说，下面两种方式是等价的。

```
-- 方式1
alter table product
rename to product_new;

-- 方式2
rename table product
to product_new;
```

为了方便后面内容的学习，我们需要执行下面的代码，将表名 product_new 还原为 product。请注意一定要还原，不然会影响后面的例子的测试。

```
alter table product_new
rename to product;
```

8.5.2 修改字段

在 MySQL 中，对于列（字段）的修改，主要包含以下 4 个方面。

- 添加列。
- 删除列。
- 修改列名。
- 修改数据类型。

需要说明的是，在对列进行修改之后，如果发现该列并不能立刻显示，小伙伴们在 Navicat for MySQL 中刷新一下该表就可以了，这一点非常重要。

1. 添加列

在 MySQL 中，我们可以使用 alter table...add... 语句来添加新列。

▼ 语法：

```
alter table 表名
add 列名 数据类型；
```

▼ 举例：

```
alter table product
add weight int;
```

运行结果如图 8-19 所示。

图 8-19

▼ 分析：

结果显示"OK"，说明成功添加了一个列。上面例子其实是给 product 表添加了一个名为 "weight" 的新列，该列的类型是 int。查看 product 表的结构，可以发现多了一个 weight 列，如图 8-20 所示。

名	类型	长度	小数点	不是 null	虚拟	键	注释
id	int			✓		🔑1	
name	varchar	10					
type	varchar	10					
city	varchar	10					
price	decimal	5	1				
rdate	date						
weight	int						

图 8-20

2. 删除列

在 MySQL 中，我们可以使用 alter table...drop... 语句来删除列。

▼ **语法**：

```
alter table 表名
drop 列名;
```

▼ **举例**：

```
alter table product
drop weight;
```

运行结果如图 8-21 所示。

```
> OK
> 时间: 0.089s
```

图 8-21

▼ **分析**：

结果显示"OK"，说明成功删除了 weight 列。查看 product 表的结构，可以看到 weight 列已经不存在了，如图 8-22 所示。

名	类型	长度	小数点	不是 null	虚拟	键	注释
id	int			✓	☐	🔑 1	
name	varchar	10		☐	☐		
type	varchar	10		☐	☐		
city	varchar	10		☐	☐		
price	decimal	5	1	☐	☐		
rdate	date			☐	☐		

图 8-22

3. 修改列名

在 MySQL 中，我们可以使用 alter table...change... 语句来修改列的名字。

▼ **语法**：

```
alter table 表名
change 原列名 新列名 新数据类型;
```

▌举例：

```
alter table product
change name pname varchar(10);
```

运行结果如图 8-23 所示。

图 8-23

▌分析：

在这个例子中，我们将 product 表中的 name 列重新命名为"pname"。查看 product 表的结构，效果如图 8-24 所示。

名	类型	长度	小数点	不是 null	虚拟	键	注释
id	int			☑	☐	🔑1	
pname	varchar	10		☐	☐		
type	varchar	10		☐	☐		
city	varchar	10		☐	☐		
price	decimal	5	1	☐	☐		
rdate	date			☐	☐		

图 8-24

需要注意的是，列名后面的数据类型是必需的。即使前后的数据类型是一样的，也必须写上。如果不写上 MySQL 就会报错，小伙伴们可以自行试一下。

为了方便后面内容的学习，我们需要执行下面的代码，将 pname 还原为 name。

```
alter table product
change pname name varchar(10);
```

4．修改数据类型

在 MySQL 中，我们可以使用 alter table...modify... 语句来修改列的数据类型。

▌语法：

```
alter table 表名
modify 列名 新数据类型；
```

▶ **举例：**

```
alter table product
modify price int;
```

运行结果如图 8-25 所示。

```
> OK
> 时间: 0.082s
```

图 8-25

▶ **分析：**

price 这个列原来的数据类型是 decimal(5, 1)，这里我们将它修改成 int。查看 product 表的结构，效果如图 8-26 所示。

名	类型	长度	小数点	不是 null	虚拟	键	注释
id	int			☑	☐	🔑 1	
name	varchar	10		☐	☐		
type	varchar	10		☐	☐		
city	varchar	10		☐	☐		
price	int			☐	☐		
rdate	date			☐	☐		

图 8-26

为了方便后面内容的学习，我们需要执行下面的代码，将 price 的数据类型还原为 decimal(5, 1)。

```
alter table product
modify price decimal(5, 1);
```

最后总结一下修改表的语句（如表 8-4 所示），小伙伴们可以对比记忆一下。

表 8-4 修改表的语句

语　　句	说　　明
alter table...rename to...	修改表名
alter table...add...	添加列
alter table...drop...	删除列
alter table...change...	修改列名
alter table...modify...	修改数据类型

本节介绍的是使用代码的方式来修改表。在实际开发中，如果条件允许，我们更推荐在 Navicat for MySQL 中修改表。

> **数据库差异性**
>
> 对于 Oracle 来说，它修改列名使用的是 alter table…rename column…to…语句，而不是 alter table…change…语句，其他操作和 MySQL 的相同。

8.6 复制表

在 MySQL 中，复制表主要有两种方式：① 只复制结构；② 同时复制结构和数据。

8.6.1 只复制结构

在 MySQL 中，我们可以使用 create table…like… 语句来将已存在的表的结构复制到新表中。简单来说，就是用已存在的表的结构来创建新表。

▼ **语法**：

```
create table 新表名
like 旧表名;
```

▼ **举例**：

```
create table product_a
like product;
```

运行结果如图 8-27 所示。

图 8-27

▼ **分析**：

运行后刷新一下列表，发现多了一个名为"product_a"的表，如图 8-28 所示。

图 8-28

8.6.2 同时复制结构和数据

在 MySQL 中,我们可以使用 create table...as... 语句来将已存在的表的结构和数据同时复制到新表中。

▶ **语法**:

```
create table 新表名
as (select * from 旧表名);
```

▶ **举例**:

```
create table product_b
as (select * from product);
```

运行结果如图 8-29 所示。

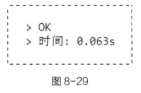

图 8-29

▶ **分析**:

运行后刷新一下列表,发现多了一个名为"product_b"的表,如图 8-30 所示。

图 8-30

对于 create table...like... 和 create table...as... 这两个语句，它们的区别如下。

- 对于 create table...like... 来说，它会复制旧表中的完整结构，包括主键、索引等。不过 create table...like... 只能复制结构，不能复制数据。
- 对于 create table...as... 来说，它存在一定的局限性，并不会复制旧表中的主键、索引等。对于这些属性，我们需要手动添加。不过 create table...as... 有一个优势，那就是可以复制数据。

数据库差异性

对于复制表，MySQL、SQL Server 和 Oracle 的语法都是不一样的，它们的区别如下。

MySQL：

```
-- 只复制结构
create table 新表名
like 旧表名；

-- 同时复制结构和数据
create table 新表名
as (select * from 旧表名);
```

SQL Server：

```
-- 只复制结构（要求两个表结构相同）
insert into 新表名
select * from 旧表名；

-- 同时复制结构和数据
select * into 新表名
from 旧表名；
```

Oracle：

```
-- 只复制结构
create table 新表名
as select * from 旧表名
where 1 = 2;

-- 同时复制结构和数据
create table 新表名
as select * from 旧表名;
```

8.7 删除表

在 MySQL 中，我们可以使用 drop table 语句来删除表。

▶ 语法：

```
drop table 表名;
```

▶ 举例：

```
drop table product_a;
```

运行结果如图 8-31 所示。

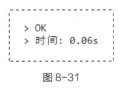

图 8-31

▶ 分析：

当结果显示为"OK"时，表示成功删除了 product_a 表。刷新之后，表列表如图 8-32 所示。如果我们使用 drop table 删除的表不存在，MySQL 会直接报错。请看下面的例子。

图 8-32

▌举例：删除的表不存在

```
drop table product_c;
```

运行结果如图 8-33 所示。

```
drop table product_c
> 1051 - Unknown table 'test.product_c'
> 时间: 0.001s
```

图 8-33

▌分析：

为了避免报错，我们可以加上 if exists，代码如下。这样即使表不存在也不会报错，只是不执行删除操作，小伙伴们可以自行试一下。

```
drop table if exists product_c;
```

在 MySQL 中，所有关于删除的操作，包括删除库、删除表、删除视图等，都可以使用 if exists 来避免报错。了解这一点，可以让我们的学习思路更清晰。

数据库差异性

所有关于删除的操作，包括删除库、删除表、删除视图等，只有 MySQL 和 SQL Server 才可以使用 if exists 来避免报错，而 Oracle 是没有 if exists 这样的语法的。

8.8 本章练习

一、单选题

1. 在 MySQL 中，可以使用（　　）语句创建数据库。
   A．create table　　　　　　　　B．create database
   C．create procedure　　　　　　D．create view
2. 在 MySQL 中，可以使用（　　）语句创建表。
   A．create table　　　　　　　　B．create database
   C．create procedure　　　　　　D．create view

3. 在 MySQL 中，如果想要指定 lvye 作为当前数据库，正确的 SQL 语句是（　　）。
   A. using lvye;　　　B. use lvye;　　　C. show lvye;　　　D. in lvye;
4. 如果想要将表名 employee 修改为 staff，正确的 SQL 语句是（　　）。
   A. update table employee rename to staff;
   B. update table staff rename to employee;
   C. alter table employee rename to staff;
   D. alter table staff rename to employee;
5. 如果想要删除 product 表，正确的 SQL 语句是（　　）。
   A. delete from product;　　　　　　B. drop table product;
   C. delete product;　　　　　　　　D. destroy product;
6. 如果想要查看 product 表，正确的 SQL 语句是（　　）。
   A. show create table product;　　　B. display create table product;
   C. show table create product;　　　D. show product;

二、编程题

下面是一个名为"vegetable"的表的结构（如表 8-5 所示），请写出创建该表的 SQL 语句（不需要包括列的注释）。

表 8-5 vegetable 表的结构

列 名	类 型	允许 NULL	是否主键	注 释
id	int	×	√	蔬菜编号
name	varchar(5)	√	×	蔬菜名称
type	varchar(5)	√	×	蔬菜类型
season	char(5)	√	×	上市季节
price	decimal(5, 1)	√	×	出售价格
rdate	date	√	×	入库时间

第 9 章 列的属性

9.1 列的属性简介

在 8.3 节中说过,我们可以为表中的列添加一些属性,比如默认值、非空、自动递增等。在 MySQL 中,常见的列的属性有 8 种,如表 9-1 所示。

表 9-1 列的属性

属　性	说　明
default	默认值
not null	非空(不允许为空)
auto_increment	自动递增
check	条件检查
unique	唯一键
primary key	主键
foreign key	外键
comment	注释

列的部分属性又叫作"列的约束",比如默认值属性叫作"默认值约束",而非空属性也叫作"非空约束"。"约束"这种叫法经常会见到,小伙伴们如果看到"列的约束",应该知道它指的就是"列的属性"。

▶ **语法:**

```
create table 表名
(
    列名1 数据类型 列属性,
```

```
    列名2 数据类型 列属性,
    ……
    列名n 数据类型 列属性
);
```

▶ **说明**：

一个列可以同时拥有一个或多个属性。如果有多个属性，那么属性与属性之间需要使用空格来隔开。

本章同样是针对 test 数据库来进行操作，所以小伙伴们在执行例子代码之前，要先确认当前数据库是否为 test，具体操作如图 9-1 所示。

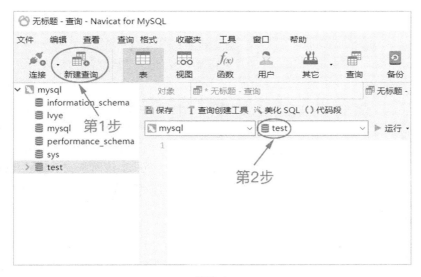

图 9-1

9.2 默认值

从前文可以知道，insert 语句可以插入一部分的列。对于没有被插入值的列，它的值就会被设置为 NULL。换句话说就是：**默认情况下，列的默认值是 NULL**。

在 MySQL 中，如果希望列的默认值不是 NULL，而是其他的值，此时我们可以使用 default 属性来实现。

▶ **语法**：

```
列名 数据类型 default 默认值
```

▶ 举例：

```
create table product1
(
    id      int,
    name    varchar(10),
    type    varchar(10),
    city    varchar(10),
    price   decimal(5, 1) default 10.0,
    rdate   date
);
```

运行结果如图 9-2 所示。

图 9-2

▶ 分析：

price decimal(5, 1) default 10.0 表示定义一个名为 price 的列，该列的数据类型为 decimal(5, 1)，该列的默认值为 10.0。当我们尝试执行下面的 SQL 代码时，结果如图 9-3 所示。

```
-- 插入数据
insert into product1(id, name, type, city, rdate)
values(1, '橡皮', '文具', '广州', '2022-03-19');

-- 查看表
select * from product1;
```

图 9-3

可以看出，虽然上面并没有给 price 这一列插入数据，但是结果却显示 price 的值为 10.0。也就是说，如果我们没有给某一列插入数据，就会使用默认值作为它的值。

上面例子是使用代码的方式来设置默认值的，如果想要在 Navicat for MySQL 中为某一列设置默认值，只需要执行以下 3 步就可以了。

① **打开表的结构**：首先在左侧选中你想要修改的表，单击鼠标右键并选择【设计表】，如图 9-4 所示。

图 9-4

② **选择"默认"为空白项**：选中 price 这一列之后，下方会显示一个默认值窗口，单击右边的下拉菜单按钮，然后选中第一项（这是一个空白项），如图 9-5 所示。

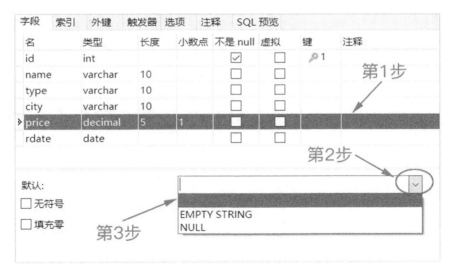

图 9-5

③ **设置默认值**：选中空白项之后，我们就可以在文本框中输入默认值了，如图 9-6 所示。需要特别注意的是，每次设置或修改列的属性，必须使用"Ctrl+S"快捷键保存才能生效。

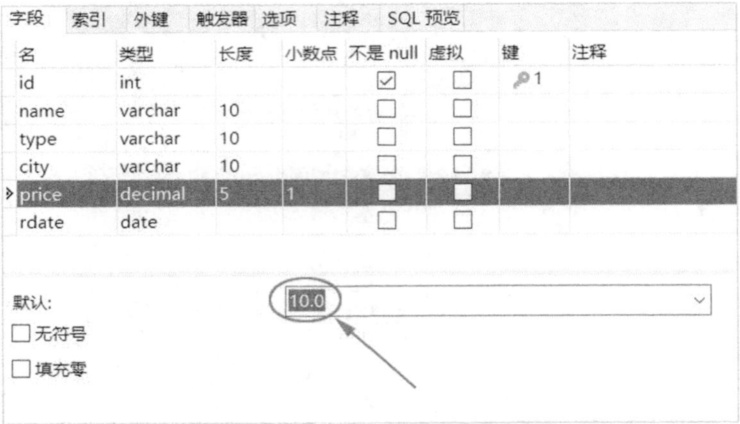

字段	索引	外键	触发器	选项	注释	SQL 预览		
名	类型	长度	小数点	不是 null	虚拟	键	注释	
id	int			☑	☐	🔑1		
name	varchar	10		☐	☐			
type	varchar	10		☐	☐			
city	varchar	10		☐	☐			
▸ price	decimal	5	1	☐	☐			
rdate	date			☐	☐			

默认：10.0

☐ 无符号
☐ 填充零

图 9-6

9.3 非空

在实际开发中，有时要求表中的某些列必须有值而不能是 NULL，此时我们可以使用 not null 属性来实现。

▶ **语法：**

列名 数据类型 not null

▶ **举例：**

```
create table product2
(
    id       int,
    name     varchar(10),
    type     varchar(10),
    city     varchar(10),
    price    decimal(5, 1) not null,
    rdate    date
);
```

运行结果如图 9-7 所示。

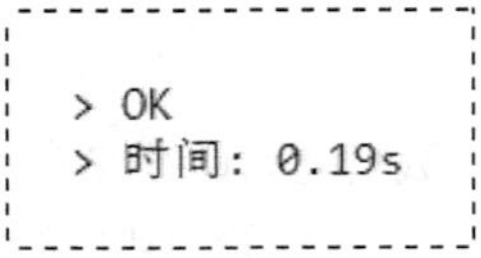

> OK
> 时间：0.19s

图 9-7

▶ **分析：**

price decimal(5, 1) not null 表示定义一个名为 price 的列，该列的数据类型为 decimal(5, 1)，并且该列的值不允许为空（NULL）。当我们尝试执行下面的 SQL 代码时，结果如图 9-8 所示。

```sql
-- 插入数据
insert into product2(id, name, type, city, rdate)
values(1, '橡皮', '文具', '广州', '2022-03-19');

-- 查看表
select * from product2;
```

```
> 1364 - Field 'price' doesn't have a default value
> 时间: 0.025s
```

图 9-8

因为 price 列的值不允许为空，所以在插入数据时，必须要有值才行。当然，如果我们使用 default 属性来设置默认值，此时可以允许在插入时没有值，因为 MySQL 会自动使用默认值来填充。小伙伴们可以自行试一下。

上面是使用代码的方式来添加非空属性的，如果想要在 Navicat for MySQL 中为某一列设置非空属性，只需要执行以下两步就可以了。

① **打开表的结构**：首先在左侧选中你想要修改的表，单击鼠标右键并选择【设计表】，如图 9-9 所示。

图 9-9

② **设置非空**：选中 price 这一列之后，勾选【不是 null】这一项的复选框，price 这一列的值就不允许为空了，如图 9-10 所示。

名	类型	长度	小数点	不是 null	虚拟	键	注释
id	int			☑	☐	🔑1	
name	varchar	10		☐	☐		
type	varchar	10		☐	☐		
city	varchar	10		☐	☐		
price	decimal	5	1	☑	☐		
rdate	date			☐	☐		

图 9-10

9.4 自动递增

在实际开发中，很多时候我们希望某一列（如主键列）的值是自动递增的，此时可以使用 auto_increment 属性来实现。

▶ **语法**：

列名 数据类型 auto_increment

▶ **说明**：

默认情况下，设置了 auto_increment 属性的列，开始值是 1，每次递增 1。如果想要改变初始值，我们可以使用下面这种方式。

列名 数据类型 auto_increment = 初始值

此外，对于 MySQL 中的 auto_increment 属性来说，我们需要特别清楚以下 6 点。

- auto_increment 属性只能用于整数列，而不能用于其他类型的列。
- 一个表中最多只能有一个具有 auto_increment 属性的列。
- 只能给已经建立了索引的列设置 auto_increment 属性。其中，主键列和唯一键列会自动建立索引。
- 如果某一列设置了 auto_increment 属性，那么该列不能再使用 default 属性来指定默认值。
- 如果某一列设置了 auto_increment 属性，那么 MySQL 会自动帮该列生成唯一值。该值从 1 开始，每次递增 1。
- 如果某一列设置了 auto_increment 属性，那么它的值是自动递增的，所以我们在插入数据的时候，可以不指定该列的值。

▶ **举例**：

```
create table product3
(
    id       int auto_increment,
    name     varchar(10),
    type     varchar(10),
    city     varchar(10),
    price    decimal(5, 1),
    rdate    date
);
```

运行结果如图 9-11 所示。

```
> 1075 - Incorrect table definition; there can be only one
auto column and it must be defined as a key
> 时间: 0.001s
```

图 9-11

▶ **分析**：

对于 auto_increment 属性来说，我们一般只能给主键列或唯一键列设置。而对于这个例子来说，id 并没有设置主键或唯一键，所以给它设置 auto_increment 属性时会直接报错。

我们把 id 列同时设置为主键，也就是执行下面的 SQL 代码，这样就没有问题了，运行结果如图 9-12 所示。

```
create table product3
(
    id       int primary key auto_increment,
    name     varchar(10),
    type     varchar(10),
    city     varchar(10),
    price    decimal(5, 1),
    rdate    date
);
```

```
> OK
> 时间: 0.056s
```

图 9-12

id int primary key auto_increment 表示定义一个名为 id 的列，该列的数据类型为 int，该列是主键，并且该列的开始值为 1，每次递增的值也是 1。当我们尝试执行下面的 SQL 代码时，结果如图 9-13 所示。

```sql
-- 插入数据
insert into product3(name, type, city, price, rdate)
values('橡皮', '文具', '广州', 2.5, '2022-03-19');

-- 查看表
select * from product3;
```

id	name	type	city	price	rdate
1	橡皮	文具	广州	2.5	2022-03-19

图 9-13

虽然这里并没有给 id 插入值，但是由于 id 设置了 auto_increment 属性，所以 MySQL 会自动设置第 1 条记录的 id 值为 1。我们再尝试执行下面的 SQL 代码插入一条记录，此时结果如图 9-14 所示。

```sql
-- 插入数据
insert into product3(name, type, city, price, rdate)
values('尺子', '文具', '杭州', 1.2, '2022-01-21');

-- 查看表
select * from product3;
```

id	name	type	city	price	rdate
1	橡皮	文具	广州	2.5	2022-03-19
2	尺子	文具	杭州	1.2	2022-01-21

图 9-14

当然，我们还可以插入多条记录。执行下面的 SQL 代码之后，结果如图 9-15 所示。

```sql
-- 插入数据
insert into product3(name, type, city, price, rdate)
values
('铅笔', '文具', '杭州', 4.6, '2022-05-01'),
('筷子', '餐具', '广州', 39.9, '2022-05-27'),
('汤勺', '餐具', '杭州', 12.5, '2022-07-05');

-- 查看表
select * from product3;
```

id	name	type	city	price	rdate
1	橡皮	文具	广州	2.5	2022-03-19
2	尺子	文具	杭州	1.2	2022-01-21
3	铅笔	文具	杭州	4.6	2022-05-01
4	筷子	餐具	广州	39.9	2022-05-27
5	汤勺	餐具	杭州	12.5	2022-07-05

图 9-15

自动递增这个属性非常有用，在实际开发中，对于一个表的主键列来说，我们一般不会手动插入值，而是给它设置自动递增的值。

上面例子是使用代码的方式来添加自动递增属性的，如果想要在 Navicat for MySQL 中为某一列设置自动递增属性，只需要执行以下两步就可以了。

① **打开表的结构**：首先在左侧选中你想要修改的表，单击鼠标右键并选择【设计表】，如图 9-16 所示。

图 9-16

② **设置自动递增**：选中 id 这一列之后，下方会弹出一个窗口，这里我们勾选【自动递增】复选框，就可以设置自动递增了，如图 9-17 所示。

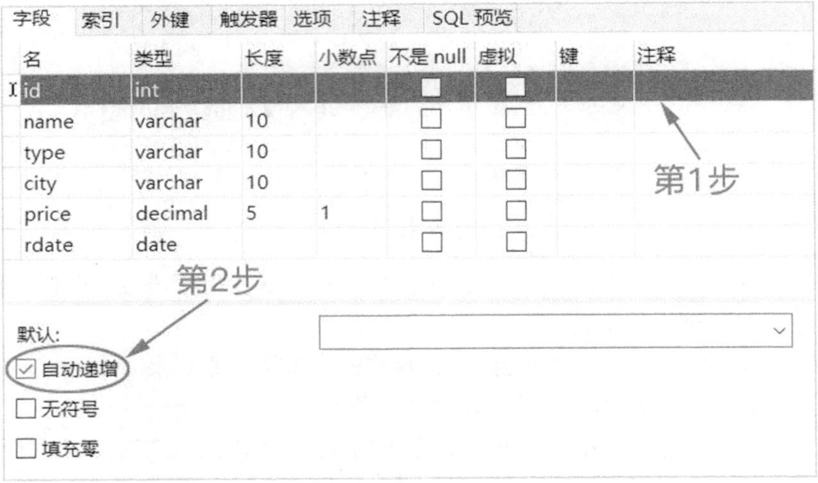

图 9-17

数据库差异性

MySQL 使用 auto_increment 来实现自动递增，SQL Server 使用 identity 来实现自动递增，而 Oracle 使用 generated by default as identity 来实现自动递增。

```
-- MySQL
create table product
(
    id    int primary key auto_increment
);

-- SQL Server
create table product
(
    id    int identity(1, 1)
);

-- Oracle
create table product
(
    id    number generated by default as identity
);
```

9.5 条件检查

在实际开发中，可能会遇到这样一个场景：有一个 age 列，我们需要限制它的值为 0 ～ 200，这样是为了防止输入的年龄值超过正常的范围。

在 MySQL 中，我们可以使用 check 属性来为某一列添加条件检查。

▌ **语法**：

```
列名 数据类型 check(表达式)
```

▌ **说明**：

check 是 MySQL 8.0 新增的属性，它只适用于 MySQL 8.0 及以上版本，并不适用于 MySQL 旧版本。

▌ **举例**：

```
create table product4
(
    id       int,
    name     varchar(10),
    type     varchar(10),
    city     varchar(10) check(city in ('广州', '杭州')),
    price    decimal(5, 1),
    rdate    date
);
```

运行结果如图 9-18 所示。

```
> OK
> 时间: 0.051s
```

图 9-18

▌ **分析**：

city varchar(10) check(city in ('广州', '杭州')) 表示定义一个名为 city 的列，该列的数据类型为 varchar(10)，该列的取值只能是"广州"和"杭州"。其中，我们可以使用逻辑运算符（and 和 or）来指定多个条件。当然，也可以使用 in、between...and... 和 like 等关键字。

当我们尝试执行下面的 SQL 代码时，也就是给 city 插入一个其他值，可以看到结果报错了，如图 9-19 所示。

```
-- 插入数据
insert into product4(id, name, type, city, price, rdate)
values(1, '橡皮', '文具', '深圳', 2.5, '2022-03-19');

-- 查看表
select * from product4;
```

```
> 3819 - Check constraint 'product4_chk_1' is violated.
> 时间: 0.002s
```

图 9-19

上面例子是使用代码的方式来设置条件检查属性的，Navicat for MySQL 暂时并不支持在软件界面上直接设置条件检查。

9.6 唯一键

在 MySQL 中，如果我们希望某一列中存储的值都是唯一的，此时可以使用 unique 属性来实现。其中使用了 unique 属性的列，也叫作"唯一键"或"唯一键列"。

▶ **语法**：

```
列名 数据类型 unique
```

▶ **举例**：

```
create table product5
(
    id       int unique,
    name     varchar(10),
    type     varchar(10),
    city     varchar(10),
    price    decimal(5, 1),
    rdate    date
);
```

运行结果如图 9-20 所示。

```
> OK
> 时间: 0.074s
```

图 9-20

▶ 分析：

id int unique 表示定义一个名为 id 的列，该列的数据类型为 int，该列的值都是唯一的，也就是不允许出现重复的值。当执行下面的 SQL 代码时，结果如图 9-21 所示。

```sql
-- 插入数据
insert into product5(id, name, type, city, price, rdate)
values(1, '橡皮', '文具', '广州', 2.5, '2022-03-19');

-- 查看表
select * from product5;
```

id	name	type	city	price	rdate
1	橡皮	文具	广州	2.5	2022-03-19

图 9-21

我们再尝试执行下面的 SQL 代码来插入一条数据，该条数据的 id 和上一条数据的 id 是一样的，此时结果如图 9-22 所示。可以看到，Navicat for MySQL 直接报错了。

```sql
-- 插入数据
insert into product5(id, name, type, city, price, rdate)
values(1, '尺子', '文具', '杭州', 1.2, '2022-01-21');

-- 查看表
select * from product5;
```

```
> 1062 - Duplicate entry '1' for key 'product5.id'
> 时间: 0.007s
```

图 9-22

id 这一列要求值不能重复，那么如果插入一个 NULL 值又会怎样呢？我们尝试执行下面的 SQL 代码，结果如图 9-23 所示。因为这里并没有给 id 插入值，所以 id 就会自动使用默认值 NULL。

```sql
-- 插入数据
insert into product5(name, type, city, price, rdate)
values('尺子', '文具', '杭州', 1.2, '2022-01-21');

-- 查看表
select * from product5;
```

id	name	type	city	price	rdate
1	橡皮	文具	广州	2.5	2022-03-19
(Null)	尺子	文具	杭州	1.2	2022-01-21

图 9-23

现在问题又来了，如果再次给 id 列插入一个 NULL 值，此时又会怎样呢？我们尝试执行下面的 SQL 代码，结果如图 9-24 所示。

```
-- 插入数据
insert into product5(name, type, city, price, rdate)
values('铅笔', '文具', '杭州', 4.6, '2022-05-01');

-- 查看表
select * from product5;
```

id	name	type	city	price	rdate
1	橡皮	文具	广州	2.5	2022-03-19
(Null)	尺子	文具	杭州	1.2	2022-01-21
(Null)	铅笔	文具	杭州	4.6	2022-05-01

图 9-24

由于并没有给 id 插入一个值，所以 id 会使用默认值 NULL。从结果可以看出来，id 列虽然是唯一键，但是可以存在两个 NULL。

上面例子是使用代码的方式来设置唯一键属性的，如果想要在 Navicat for MySQL 中为某一列设置唯一键属性，只需要执行以下 3 步就可以了。

① **打开表的结构**：首先在左侧选中你想要修改的表，单击鼠标右键并选择【设计表】，如图 9-25 所示。

图 9-25

② **选择对应的字段**：首先在上方选择【索引】，然后单击【字段】右边的【…】，接着在弹出的界面中勾选 id 字段前面的复选框，最后单击【确定】按钮即可，如图 9-26 所示。

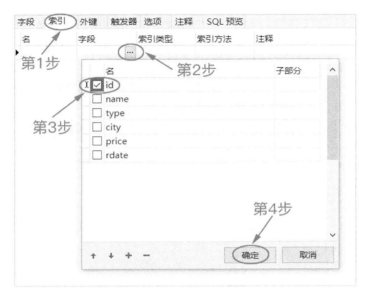

图 9-26

③ **设置索引类型**：单击【索引类型】右边的下拉菜单按钮，然后选择【UNIQUE】，如图 9-27 所示。最后使用"Ctrl+S"快捷键保存才能生效。

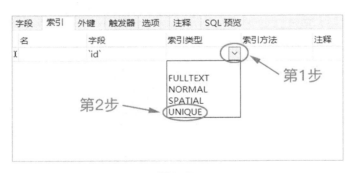

图 9-27

数据库差异性

对于 MySQL 和 Oracle 来说，唯一键是可以同时存在多个 NULL 值的。但是对于 SQL Server 等来说，唯一键只能存在一个 NULL 值。

9.7 主键

对于主键这个属性，我们在此之前已经接触过很多了。如果把某一列设置为主键，那么这一列的值具有两个特点：① **具有唯一性**；② **不允许为空**。

一般情况来说，表都需要有作为主键的列，这样可以保证每一行都有一个唯一性标识。注意这里是一般情况，并不是所有表都一定要有主键的。

在 MySQL 中，我们可以使用 primary key 属性来设置某一列为主键。其中，该列也叫作"主键"或"主键列"。

▶ **语法**：

列名 数据类型 primary key

▶ **举例**：

```
create table product6
(
    id        int primary key,
    name      varchar(10),
    type      varchar(10),
    city      varchar(10),
    price     decimal(5, 1),
    rdate     date
);
```

运行结果如图 9-28 所示。

图 9-28

▶ **分析**：

id int primary key 表示定义一个名为 id 的列，该列的数据类型为 int，并且该列是主键列，也就是说 id 这一列的值有两个特点：① **具有唯一性**；② **不允许为空**。

当我们执行下面的 SQL 代码时，结果如图 9-29 所示。

```
-- 插入数据
insert into product6(id, name, type, city, price, rdate)
values(1, '橡皮', '文具', '广州', 2.5, '2022-03-19');
```

```
-- 查看表
select * from product6;
```

id	name	type	city	price	rdate
1	橡皮	文具	广州	2.5	2022-03-19

图 9-29

我们再尝试执行下面的 SQL 代码来插入一条数据，该条数据的 id 和上一条数据的 id 是一样的，此时结果如图 9-30 所示。可以看到，Navicat for MySQL 直接报错了。

```
-- 插入数据
insert into product6(id, name, type, city, price, rdate)
values(1, '尺子', '文具', '杭州', 1.2, '2022-01-21');

-- 查看表
select * from product6;
```

```
> 1062 - Duplicate entry '1' for key 'product6.PRIMARY'
> 时间: 0.002s
```

图 9-30

假如给 id 插入一个 NULL 值，又会怎样呢？我们执行下面的 SQL 代码，结果如图 9-31 所示。

```
-- 插入数据
insert into product6(id, name, type, city, price, rdate)
values(NULL, '尺子', '文具', '杭州', 1.2, '2022-01-21');

-- 查看表
select * from product6;
```

```
> 1048 - Column 'id' cannot be null
> 时间: 0.001s
```

图 9-31

从结果可以看出，不允许往主键列中插入 NULL 值。细心的小伙伴可能也发现了，主键和唯一键其实是非常相似的，它们的值都是不允许重复的，区别在于以下 3 个方面。

▸ 主键的值不能为 NULL，而唯一键的值可以为 NULL。
▸ 一个表只能有一个主键，但可以有多个唯一键。

▶ **主键可以作为外键，但是唯一键不可以。**

在某些情况下，我们可能会看到一个表使用多个字段作为主键，这并不意味着该表有多个主键。这种方式本质上是将多个字段作为一个整体，然后作为一个主键来使用，使用这种方式构造的主键叫作"联合主键"。对于该表来说，本质上还是一个主键。

在实际开发中，我们一般都会给主键列同时添加自动递增属性，常见的写法如下。需要注意的是，由于主键本身就不允许为空，所以没有必要多此一举使用 not null 来设置非空属性。

```
create table product6
(
    id         int primary key auto_increment,
    name       varchar(10),
    type       varchar(10),
    city       varchar(10),
    price      decimal(5, 1),
    rdate      date
);
```

上面例子是使用代码的方式来设置主键属性的，如果想要在 Navicat for MySQL 中为某一列设置主键属性，只需要执行以下两步就可以了。

① **打开表的结构**：首先在左侧选中你想要修改的表，单击鼠标右键并选择【设计表】，如图 9-32 所示。

图 9-32

② **设置主键**。第 1 种方式，单击 id 这一列属性栏右侧的【键】，如果出现一个钥匙图标，就表示设置主键成功了，如图 9-33 所示。

图 9-33

第 2 种方式，选中 id 这一列，然后单击上方的【主键】，如果出现一个钥匙图标，就表示设置主键成功了，如图 9-34 所示。

图 9-34

第 3 种方式，选中 id 这一列，然后单击鼠标右键并选择【主键】，也可以设置 id 列为主键，如图 9-35 所示。

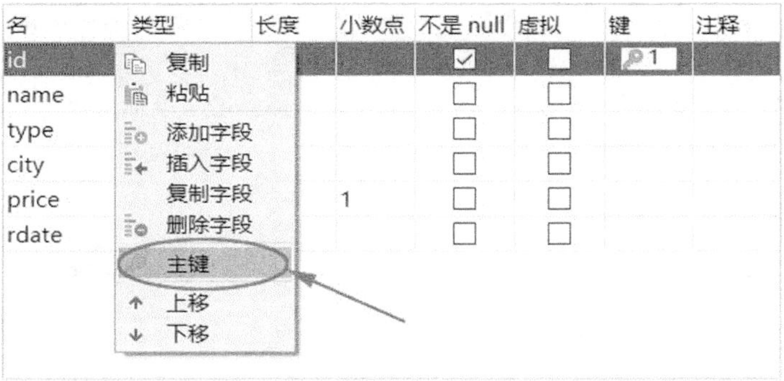

图 9-35

9.8 外键

如果有两个表：A 和 B。如果 B 中的某一列依赖于 A 中的某一列，那么称 A 为"父表"，称 B 为"子表"。其中，父表和子表可以使用"外键"关联起来。

外键怎么理解呢？比如我们有两个表：student 和 score。student 表保存的是学生的基本信息（如表 9-2 所示），score 表保存的是学生的课程和分数（如表 9-3 所示）。

表 9-2 student 表的结构

列 名	类 型	允许 NULL	是否主键	注 释
sid	int	×	√	学号
name	varchar(10)	√	×	姓名
sex	char(5)	√	×	性别
age	int	√	×	年龄
major	varchar(20)	√	×	专业

表 9-3 score 表的结构

列 名	类 型	允许 NULL	是否主键	注 释
sid	int	×	√	学号
course	varchar(20)	√	×	课程
grade	int	√	×	成绩

score 表中的 sid 列依赖于 student 表中的 sid 列。也就是说，score 表中的 sid 这一列的值必须能在 student 表中的 sid 这一列中找到才行。

如果 sid 在 score 表中出现，但是在 student 表中找不到对应的 sid，就相当于插入了不知道是哪个学生的成绩，这样肯定不是我们希望的结果。为了避免这种结果出现，我们需要使用外键属性来约束子表。

在 MySQL 中，我们可以使用 foreign key 属性来设置外键。所谓的外键，指的是子表中的某一列受限于（或依赖于）父表中的某一列。

▼ **语法**：

```
constraint 外键名 foreign key(子表的列名) references 父表名(父表的列名)
```

▼ **说明**：

因为子表是依赖于父表的，所以在创建子表之前，我们需要执行下面的 SQL 代码来创建一个父表（student 表）。

```
create table student
(
    sid        int primary key auto_increment,
    name       varchar(10),
    sex        char(5),
    age        int,
    major      varchar(20)
);
```

然后执行下面的 SQL 代码向 student 表中添加一些数据，结果如图 9-36 所示。

```
-- 插入数据
insert into student(name, sex, age, major)
values
('小明', '男', 20, '软件工程'),
('小红', '女', 19, '商务英语'),
('小华', '男', 21, '临床医学');
-- 查看表
select * from student;
```

sid	name	sex	age	major
1	小明	男	20	软件工程
2	小红	女	19	商务英语
3	小华	男	21	临床医学

图 9-36

▶ **举例**：

```
create table score
(
    sid        int,
    course     varchar(20),
    grade      int,
    constraint 学号 foreign key(sid) references student(sid)
);
```

运行结果如图 9-37 所示。

图 9-37

▶ **分析**：

在这个例子中，我们使用 foreign key 属性来将 score 表中的 sid 和 student 表中的 sid 关联起来。对于 score 表来说，sid 这一列的值必须能在 student 表中找到，否则会报错。

student 表中的 sid 只有 3 种取值：1、2、3。当我们尝试执行下面的 SQL 代码时，也就是插入 student 表中不存在的 sid，结果如图 9-38 所示。

```
-- 插入数据
insert into score(sid, course, grade)
values(4, '高等数学', 70);

-- 查看表
select * from score;
```

```
> 1452 - Cannot add or update a child row: a foreign key constraint
fails (`test`.`score`, CONSTRAINT `学号` FOREIGN KEY (`sid`)
REFERENCES `student` (`sid`))
> 时间: 0.012s
```

图 9-38

从结果可以看出，Navicat for MySQL 直接报错了。这是因为 score 表中的 sid 依赖于 student 表中的 sid，每当我们往 score 表插入数据时，MySQL 都会自动帮我们检查插入的 sid 是否能在 student 表中找到。如果找不到，就会直接报错。

如果插入的 sid 是属于"1、2、3"这 3 种值的，就是没有问题的。比如执行下面的 SQL 代码，结果如图 9-39 所示。

```
-- 插入数据
insert into score(sid, course, grade)
values
(1, '线性代数', 70),
(2, '线性代数', 80),
(1, '前端开发', 90);

-- 查看表
select * from score;
```

sid	course	grade
1	线性代数	70
2	线性代数	80
1	前端开发	90

图 9-39

可能小伙伴们会觉得很奇怪：为什么这里允许有相同的 sid，也就是两个"1"出现呢？这是因为外键与主键不一样，主键的值是不允许重复的，但外键是依赖于父表中的某一列的，只要外键的值在父表列值的范围内，都是可以的。其实这很好理解，比如学号是学生的唯一标识，一个学生是可以同时选修多门课的。

对于外键来说，我们还需要清楚以下 3 点。

- 一般使用父表的主键作为子表的外键。
- 插入数据时，必须先插入父表，然后才能插入子表。
- 删除表时，先删除子表，然后才能删除父表。

上面例子是使用代码的方式来设置外键属性的，如果想要在 Navicat for MySQL 中为某一列设置外键属性，只需要执行以下两步就可以了。

① **打开表的结构**：首先在左侧选中你想要修改的表（这里是 score 表），单击鼠标右键并选择【设计表】，如图 9-40 所示。

图 9-40

② **设置外键**：单击上方【外键】，然后填写外键关系。【字段】填写的是子表的字段名，【被引用的模式】填写的是当前数据库名，【被引用的表（父）】填写的是父表的表名，【被引用的字段】填写的是父表的字段名，如图 9-41 所示。

名	字段	被引用的模式	被引用的表（父）	被引用的字段	删除时	更新时
学号	sid	test	student	sid	RESTRICT	RESTRICT

图 9-41

> **常见问题**

1. 每一个数据表都必须有一个主键吗？

并不是每一个数据表都必须有一个主键，只不过一般情况下最好有主键。因为主键可以保证数据的完整性，并且可以提高查询效率。

2. 外键名和主键名必须相同吗？

外键名和主键名并不一定相同，只不过在实际开发中，当外键与对应的主键处于不同的数据表中时，为了便于识别，我们一般设置外键名和主键名相同。另外，外键和主键也可以处于同一个数据表中。

9.9 注释

在 MySQL 中，我们可以使用 comment 关键字来给列添加注释。

▌**语法**：

列名 数据类型 comment '注释内容'

▌**说明**：

这里的注释内容是一个字符串，需要使用英文单引号括起来。

▌**举例**：

```
create table product7
(
    id        int comment '商品编号',
    name      varchar(10) comment '商品名称',
    type      varchar(10) comment '商品类型',
    city      varchar(10) comment '来源城市',
    price     decimal(5, 1) comment '出售价格',
    rdate     date comment '入库时间'
);
```

运行结果如图 9-42 所示。

```
> OK
> 时间: 0.18s
```

图 9-42

▶ **分析**：

运行之后，我们在 Navicat for MySQL 中查看表的结构，可以看到每一列都添加了对应的注释内容，如图 9-43 所示。

名	类型	长度	小数点	不是 null	虚拟	键	注释
id	int			☐	☐		商品编号
name	varchar	10		☐	☐		商品名称
type	varchar	10		☐	☐		商品类型
city	varchar	10		☐	☐		来源城市
price	decimal	5	1	☐	☐		出售价格
rdate	date			☐	☐		入库时间

图 9-43

上面例子是使用代码的方式来添加注释的，如果想要在 Navicat for MySQL 中为某一列添加注释，只需要执行以下两步就可以了。

① **打开表的结构**：首先在左侧选中你想要修改的表，单击鼠标右键并选择【设计表】，如图 9-44 所示。

图 9-44

② **添加注释**：在表结构窗口中，每一列的右侧有一个【注释】，在这里可以给对应的列添加注释内容，如图 9-45 所示。

名	类型	长度	小数点	不是 null	虚拟	键	注释
id	int			☐	☐		
name	varchar	10		☐	☐		
type	varchar	10		☐	☐		
city	varchar	10		☐	☐		
price	decimal	5	1	☐	☐		
rdate	date			☐	☐		

图 9-45

数据库差异性

对于 Oracle 来说，它使用 comment on column…is…语句来给某一列添加注释。

▌**语法**：

```
comment on column 表名.列名 is '注释内容'
```

▌**说明**：

comment on column…is…语句需要在创建表之后再去执行。如果想要删除某一列的注释，我们只需要将注释内容修改为空字符串就可以了。

▌**举例**：

```
-- 创建表
create table product
(
    id        int,
    name      varchar(10),
    type      varchar(10),
    city      varchar(10),
    price     decimal(5, 1),
    rdate     date
);

-- 添加注释
comment on column product.id is '商品编号';
comment on column product.name is '商品名称';
comment on column product.type is '商品类型';
comment on column product.city is '来源城市';
comment on column product.price is '出售价格';
comment on column product.rdate is '入库时间';
```

9.10 操作已有表

在前面几节中,都是在创建表的同时来添加列的属性的。实际上,还可以操作已经创建好的表的列属性,我们分为以下两种情况来考虑。

- 约束型属性
- 其他属性

在介绍具体语法之前,我们先执行下面的 SQL 语句来创建 3 个表。

```sql
-- 表1
create table product8
(
    id        int,
    name      varchar(10),
    type      varchar(10),
    city      varchar(10),
    price     decimal(5, 1),
    rdate     date
);

-- 表2
create table student1
(
    sid       int primary key auto_increment,
    name      varchar(10),
    sex       char(5),
    age       int,
    major     varchar(20)
);

-- 表3
create table score1
(
    sid       int,
    course    varchar(20),
    grade     int
);
```

9.10.1 约束型属性

如果想要添加约束型属性,我们可以使用 alter table...add constraint... 语句来实现。如果想要删除约束型属性，我们可以使用 alter table...drop constraint... 语句来实现。

在 MySQL 中，约束型属性主要有以下 4 种。

- 条件检查
- 唯一键
- 主键
- 外键

▼ **语法：**

```
-- 添加属性
alter table 表名
add constraint 标识名
属性；

-- 删除属性
alter table 表名
drop constraint 标识名；
```

▼ **说明：**

添加属性时的标识名是自定义的，它主要用于做标识，方便后面对其进行删除。对不同的属性进行操作，语法略有不同，具体请看下面的例子。

▼ **举例：添加条件检查**

```
alter table product8
add constraint ck_city
check(city in ('广州', '杭州'));
```

运行结果如图 9-46 所示。

图 9-46

▼ **举例：删除条件检查**

```
alter table product8
drop constraint ck_city;
```

运行结果如图 9-47 所示。

```
> OK
> 时间：0.19s
```

图 9-47

▶ 举例：添加唯一键

```
alter table product8
add constraint uq_id
unique(id);
```

运行结果如图 9-48 所示。

```
> OK
> 时间：0.19s
```

图 9-48

▶ 举例：删除唯一键

```
alter table product8
drop constraint uq_id;
```

运行结果如图 9-49 所示。

```
> OK
> 时间：0.19s
```

图 9-49

▶ 举例：添加主键

```
alter table product8
add primary key(id);
```

运行结果如图 9-50 所示。

```
> OK
> 时间：0.19s
```

图 9-50

▶ **分析：**

由于表的唯一键可以有多个，所以在添加唯一键时需要取一个名字，以方便识别。但是表的主键只能有一个，所以在添加主键时不需要取一个名字。

▶ **举例：删除主键**

```
alter table product8
drop primary key;
```

运行结果如图 9-51 所示。

```
> OK
> 时间：0.19s
```

图 9-51

▶ **举例：添加外键**

```
alter table score1
add constraint fk_sid
foreign key(sid) references student1(sid);
```

运行结果如图 9-52 所示。

```
> OK
> 时间：0.19s
```

图 9-52

▶ **举例：删除外键**

```
alter table score1
drop constraint fk_sid;
```

运行结果如图 9-53 所示。

```
> OK
> 时间：0.19s
```

图 9-53

9.10.2 其他属性

在 MySQL 中，对于其他属性，我们可以使用 alter table...modify... 语句来添加和删除。这些属性主要包括以下 4 种。

- ▶ 默认值
- ▶ 非空
- ▶ 自动递增
- ▶ 注释

▼ **语法**：

```
alter table 表名
modify 列名 数据类型 属性;
```

▼ **举例：添加默认值**

```
alter table product8
modify price decimal(5, 1) default 10.0;
```

运行结果如图 9-54 所示。

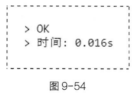

图 9-54

▼ **举例：删除默认值**

```
alter table product8
modify price decimal(5, 1) default null;
```

运行结果如图 9-55 所示。

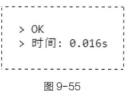

图 9-55

▼ **分析**：

添加默认值和删除默认值，使用的都是 alter table...modify... 语句。modify price decimal(5, 1) default null 将 price 的默认值重置为 NULL，也就相当于删除了原来设置的默认值。

▌举例：添加非空

```
alter table product8
modify id int not null;
```

运行结果如图 9-56 所示。

图 9-56

▌举例：删除非空

```
alter table product8
modify id int null;
```

运行结果如图 9-57 所示。

图 9-57

▌分析：

如果不允许某一列的值为空，可以在后面加上"not null"。如果允许某一列的值为空，可以在后面加上"null"。

▌举例：添加自动递增

```
alter table product8
modify id int auto_increment;
```

运行结果如图 9-58 所示。

> 1075 - Incorrect table definition; there can be only one auto column and it must be defined as a key
> 时间: 0.002s

图 9-58

▌ **分析：**

从报错结果可以看出，这里要求该列是主键列或唯一列，然后才可以设置 auto_increment 属性。也就是需要先执行下面这个 SQL 语句，再去执行上面的 SQL 语句，这样就没有问题了。

```
alter table product8
add primary key(id);
```

▌ **举例：删除自动递增**

```
alter table product8
modify id int;
```

运行结果如图 9-59 所示。

图 9-59

▌ **分析：**

modify id int 也就是修改 id 这一列，给它重置所有的属性。由于属性被重置了，重置后并没有给 id 添加 auto_increment，所以就相当于删除了自动递增。

▌ **举例：添加注释**

```
alter table product8
modify id int comment '商品编号';
```

运行结果如图 9-60 所示。

图 9-60

▌ **举例：删除注释**

```
alter table product8
modify id int comment '';
```

运行结果如图 9-61 所示。

```
> OK
> 时间: 0.016s
```

图 9-61

▶ **分析：**

如果想要删除某一列的注释，我们只需要将该列的注释内容设置为空字符串就可以了。

最后需要说明的是：对于列的属性，我们推荐在创建表的同时就设置好。如果在创建好表之后再去设置属性，这样是非常麻烦的。实在迫不得已了，我们再考虑使用本节介绍的方式去"补救"。

9.11 本章练习

一、单选题

1. 如果想要为某一列添加主键，应该使用（　　）关键字。
   A. primary key　　　B. unique　　　C. foreign key　　　D. default
2. 在 MySQL 中，每一列最多有（　　）个 default 属性。
   A. 0　　　　　　　B. 1　　　　　　C. 2　　　　　　　D. 无数
3. 下面说法中，不正确的是（　　）。
   A. 一个表只能有一个主键　　　　　　B. 一个表可以有多个主键
   C. 一个表可以有多个外键　　　　　　D. 一个表可以有多个唯一键
4. 下面关于条件检查属性的说法中，正确的是（　　）。
   A. 一个列只能设置一个条件检查属性　　B. 一个列可以设置多个条件检查属性
   C. 条件检查属性中只能写一个检查条件　D. 不同列的条件检查属性条件必须不同
5. 下面关于各种属性的说法中，正确的是（　　）。
   A. 默认情况下，列的默认值是 0　　　　B. 所有表都必须有一个主键
   C. 主键允许有重复值　　　　　　　　　D. 唯一键允许值为 NULL
6. 下面关于主键的说法中，正确的是（　　）。
   A. 只允许表中第一列创建主键
   B. 一个表允许有多个主键
   C. 主键的值允许是 NULL
   D. 子表中设置了外键的列的类型必须和父表中对应列的类型相同
7. 下面关于 auto_increment 属性的说法中，正确的是（　　）。
   A. auto_increment 属性可以用于浮点数列，也可以用于字符串列

B. 一个表只能有一个 auto_increment 属性的列

C. 设置了 auto_increment 属性的列，可以使用 default 属性来指定默认值

D. auto_increment 属性只能给主键列进行设置

8. 假设表 A 和 B 建立外键关系，其中 B 依赖于 A。如果想要把 A 和 B 这两个表都删除，那么下面说法正确的是（　　）。

  A. 只能删除 A 之后，才能删除 B   B. 只能删除 B 之后，才能删除 A

  C. 删除 A 和 B 的顺序可以任意   D. 以上说法都不对

二、简答题

1. 请列举一下列的属性都有哪些（至少 5 个）？
2. 请简述一下主键和唯一键的区别是什么？

三、编程题

请使用 SQL 语句创建一个学生表 student，该表包含 5 列，其中列名、类型、注释如表 9-4 所示。

表 9-4 列的情况

列　名	类　型	注　释
sno	int	学号
name	varchar(10)	姓名
sex	char(5)	性别
age	int	年龄
major	varchar(20)	专业

其中，这些列的约束（即列的属性）包括以下 4 个方面。

（1）学号作为主键，并且是自动递增的，从 1 开始，增量为 1。

（2）姓名不允许为空。

（3）性别的值只能是：男和女。

（4）年龄的值为 0 ~ 100。

第 2 部分
高级技术

第 10 章 多表查询

10.1 多表查询简介

从 9.8 节可以知道，表与表可以通过外键来建立依赖关系。实际上，表与表的关系有 3 种（如图 10-1 所示）：一对一；一对多；多对多。其中一对多和多对一实际上是一样的，只是角度不同而已。

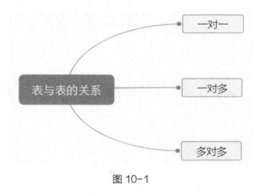

图 10-1

在实际开发中，我们并不会把所有数据都放在一个表中，而是将数据拆分到多个表中。如果把所有数据都放在一个表中，不仅维护量比较大，并且查询速度非常慢。将数据拆分到多个表中，不仅可以减少冗余，还可以确保数据的一致性和完整性。

当将数据拆分到多个表中时，如果想要查询相关数据，我们往往需要先将多个表连接起来，再进行查询，这种方式叫作"多表查询"。多表查询也叫作"连接查询"。当两个或多个表存在相同意义的字段时，就可以通过这些字段来将这些表连接起来进行查询。

举个简单的例子，比如 product 表中有一个名为"info"的列，该列保存的是商品的简介。info

列一般有比较多的文字，属于大文本字段，但这个字段不是每次都会用到。如果将 info 列存放在 product 表中，在查询其他数据的时候会影响 product 表的查询效率。因此比较好的一种做法是：将 info 列单独拆分出来，放到另一个表中。当需要 info 列时，我们再连接这两个表进行查询即可。

在实际开发中，多表查询是大量使用的一个操作，所以小伙伴们要认真掌握。在 SQL 中，多表查询的方式主要有以下 4 种。

- 联合查询
- 内连接
- 外连接
- 笛卡儿积连接

从本章开始，我们所有的操作都是基于 lvye 数据库的，所以需要在 Navicat for MySQL 中将当前数据库设置为 lvye，具体操作如图 10-2 所示。

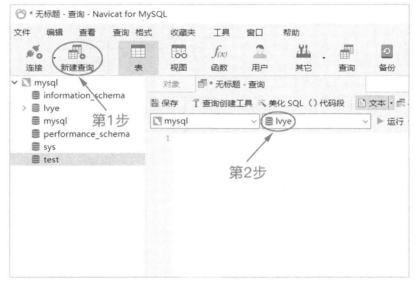

图 10-2

10.2 集合运算

表的集合运算与数学中的集合运算是非常相似的。对于表的集合运算，主要包括以下 3 种。

- 并集
- 交集
- 差集

为了方便本节内容的学习,我们需要创建两个表:employee1 和 employee2。这两个表的结构是相同的,如表 10-1 所示。其中,employee1 表的数据如表 10-2 所示,employee2 表的数据如表 10-3 所示。

表 10-1 表的结构

列 名	类 型	长 度	小 数 点	允许 NULL	是否主键	注 释
id	int			×	√	工号
name	varchar	10		√	×	姓名
sex	char	5		√	×	性别
age	int			√	×	年龄
title	varchar	20		√	×	职位

表 10-2 employee1 表的数据

id	name	sex	age	title
1	小红	女	36	会计
2	小丽	女	24	人事
3	小英	女	27	前台
4	张三	男	40	前端工程师
5	李四	男	32	后端工程师

表 10-3 employee2 表的数据

id	name	sex	age	title
4	张三	男	40	前端工程师
5	李四	男	32	后端工程师
6	小芳	女	21	文员
7	小玲	女	27	客服
8	小欣	女	25	行政

在 MySQL 中,我们可以使用 union 关键字来对两个表求并集。求两个表的并集,也就是对两个表进行加法运算(如图 10-3 所示)。这种求并集的操作,也叫作"**联合查询**"。"联合查询"这种叫法很常见,小伙伴们要清楚地知道它指的是什么。

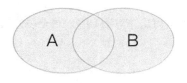

图 10-3

▶ 语法：

```
select 列名 from 表A
union
select 列名 from 表B;
```

▶ 说明：

union 关键字，本质上是对两个 select 语句的结果求并集。如果想要对多个表求并集，只需要使用多个 union 关键字就可以了。

▶ 举例：union

```
select * from employee1
union
select * from employee2;
```

运行结果如图 10-4 所示。

图 10-4

▶ 分析：

对两个表求并集时，相同的记录只会保留一个，这一点和数学中的集合是相似的。在数学中，集合不会出现相同的值，如果有相同的值，则只会保留一个。

union 关键字其实是对两个 select 语句的结果进行去重处理，如果想要在结果中保留重复的记录，应该怎么办呢？我们只需要在 union 关键字后面加上一个 all 关键字就可以了。请看下面的例子。

▶ 举例：union all

```
select * from employee1
union all
select * from employee2;
```

运行结果如图 10-5 所示。

id	name	sex	age	title
1	小红	女	36	会计
2	小丽	女	24	人事
3	小英	女	27	前台
4	张三	男	40	前端工程师
5	李四	男	32	后端工程师
4	张三	男	40	前端工程师
5	李四	男	32	后端工程师
6	小芳	女	21	文员
7	小玲	女	27	客服
8	小欣	女	25	行政

图 10-5

▶ **分析：**

从结果可以看出，"张三"和"李四"这两条重复的记录都被保留了下来。需要注意的是，如果想要对两个表求并集，那么这两个表需要满足这样一个条件：两个表的结构必须完全相同，包括列数相同、类型相同等。

对于表的求并集，我们可以总结出以下重要的 3 点。

- 对于求并集的两个表来说，它们的结构必须完全相同，包含列数相同、类型相同等。
- union 语句必须由 2 条或 2 条以上的 select 语句组成，彼此之间使用 union 关键字来分开。
- 在 union 语句中，只能使用一条 order by 子句或 limit 子句，并且它们必须放在最后一条 select 语句之后。

对于 MySQL 来说，它只提供了实现并集的方式，并未提供可以直接获取交集和差集的方式。对于表的交集和差集，需要稍微变通才能实现，也就是使用子查询的方式来实现。不过在实际开发中，对表求交集和差集用得不多，我们简单了解一下即可。

数据库差异性

MySQL 的差集是使用子查询来实现的，SQL Server 的差集可以使用 except 关键字来实现，而 Oracle 的差集可以使用 minus 关键字来实现。

```
-- MySQL
select *
from employee1
where id not in (select id from employee2);
```

```
-- SQL Server
select * from employee1
except
select * from employee2;

-- Oracle
select * from employee1
minus
select * from employee2;
```

10.3 内连接

对于表的集合运算来说，它本质上是以"行"为单位进行操作的。简单来说，就是进行集合运算时，会导致行数的增加或减少，但不会导致列数的增加或减少。

我们接下来学习的连接运算（包括内连接和外连接），则是以"列"为单位进行操作的。在实际开发中，数据往往会分散在不同的表中，而使用连接运算可以连接多个表来选取数据。

在 SQL 中，连接查询分为两种：内连接（inner join）与外连接（outer join）。为了方便本节内容的学习，我们接下来要创建两个表：staff 表和 market 表。

staff 表保存的是员工的基本信息，包括工号、姓名、性别、年龄等。staff 表的结构如表 10-4 所示，其数据如表 10-5 所示。

表 10-4 staff 表的结构

列 名	类 型	长 度	允许 NULL	是否主键	注 释
sid	char	5	×	√	工号
name	varchar	10	√	×	姓名
sex	char	5	√	×	性别
age	int		√	×	年龄

表 10-5 staff 表的数据

sid	name	sex	age
A101	杰克	男	35
A102	汤姆	男	21
A103	露西	女	40
A104	莉莉	女	32
A105	玛丽	女	28

market 表保存的是市场销售人员的基本信息,包括工号、月份、销量等。market 表的结构如表 10-6 所示,其数据如表 10-7 所示。

表 10-6　market 表的结构

列　名	类　型	长　度	允许 NULL	是否主键	注　释
sid	char	5	√	×	工号
month	int		√	×	月份
sales	int		√	×	销量

表 10-7　market 表的数据

sid	month	sales
A101	3	255
A101	4	182
A102	1	414
A103	5	278
A103	6	193
A104	10	430
A105	3	165
A105	5	327

需要注意的是,由于这里的工号并非纯数字,所以 sid 字段应该使用 char 或 varchar 类型,而不能使用 int 类型。

10.3.1　基本语法

在 SQL 中,我们可以使用 inner join 关键字来实现内连接。所谓的内连接,指的是多个表通过"共享列"来进行连接。在实际开发中,内连接是多表连接中最常用的一种查询方式。

▼ 语法:

```
select 列名
from 表A
inner join 表B
on 表A.列名 = 表B.列名;
```

说明：

on 子句用于指定连接条件，类似于 where 子句。只不过 where 子句主要用于单表查询，而 on 子句主要用于多表查询。

举例：

```
select *
from staff
inner join market
on staff.sid = market.sid;
```

运行结果如图 10-6 所示。

sid	name	sex	age	sid(1)	month	sales
A101	杰克	男	35	A101	3	255
A101	杰克	男	35	A101	4	182
A102	汤姆	男	21	A102	1	414
A103	露西	女	40	A103	5	278
A103	露西	女	40	A103	6	193
A104	莉莉	女	32	A104	10	430
A105	玛丽	女	28	A105	3	165
A105	玛丽	女	28	A105	5	327

图 10-6

分析：

对于 staff 和 market 这两个表来说，它们都有一个相同的列名"sid"。这个 sid 是连接这两个表的关键，on staff.sid=market.sid 其实就是将 sid 列设置为连接键。

需要注意的是，多表连接由于涉及多个表，如果想要使用某一列，我们需要在列名前面加上表名，也就是使用"**表名.列名**"这样的语法，以表示这是哪一个表中的哪一列。我们看一看下面的例子就懂了。

举例：

```
select staff.name, market.month, market.sales
from staff
inner join market
on staff.sid = market.sid;
```

运行结果如图 10-7 所示。

name	month	sales
杰克	3	255
杰克	4	182
汤姆	1	414
露西	5	278
露西	6	193
莉莉	10	430
玛丽	3	165
玛丽	5	327

图 10-7

▶ **分析：**

上一个例子中的 select * 表示将两个表的所有列都显示出来。而对于这个例子来说，select staff.name, market.month, market.sales 这个子句表示获取下面这 3 个列。

- staff 表的 name 列。
- market 表的 month 列。
- market 表的 sales 列。

对于多表连接来说，我们需要明确是哪个表下面的列，如果只写上 name 或 month，那么 MySQL 是不知道这些列是属于哪个表的。特别是当不同的表存在相同的列名时，就会更糟糕。

```
-- 错误方式
select name, month, sales
from staff
inner join market
on staff.sid = market.sid;
```

像上面这样把不同表中相匹配的记录提取出来的连接方式称为内连接。对于内连接来说，inner join 可以简写为 join，只不过在实际开发中，我们更建议使用 inner join，因为 inner join 更能直观地表示这是内连接。

对于这个例子来说，下面两种方式是等价的。小伙伴们可以自行试一下。

```
-- 方式1：inner join
select staff.name, market.month, market.sales
from staff
inner join market
on staff.sid = market.sid;

-- 方式2：join
select staff.name, market.month, market.sales
from staff
join market
on staff.sid = market.sid;
```

此外，在默认情况下，当 select * 用于多表连接时，会出现重复的列，如图 10-8 所示。如果只想保留一列，我们应该把每一个列名都列举出来。请看下面的例子。

sid	name	sex	age	sid(1)	month	sales
A101	杰克	男	35	A101	3	255
A101	杰克	男	35	A101	4	182
A102	汤姆	男	21	A102	1	414
A103	露西	女	40	A103	5	278
A103	露西	女	40	A103	6	193
A104	莉莉	女	32	A104	10	430
A105	玛丽	女	28	A105	3	165
A105	玛丽	女	28	A105	5	327

图 10-8

▶ 举例：去除重复列

```
select staff.sid, staff.name, staff.sex, staff.age, market.month, market.sales
from staff
inner join market
on staff.sid = market.sid;
```

运行结果如图 10-9 所示。

sid	name	sex	age	month	sales
A101	杰克	男	35	3	255
A101	杰克	男	35	4	182
A102	汤姆	男	21	1	414
A103	露西	女	40	5	278
A103	露西	女	40	6	193
A104	莉莉	女	32	10	430
A105	玛丽	女	28	3	165
A105	玛丽	女	28	5	327

图 10-9

▶ 分析：

从结果可以看出，此时就不存在重复的列了。不过这种方式需要我们手动把每一列都列举出来。由于可以使用 staff.* 来表示获取 staff 表中的所有列，所以这个例子可以简写为下面的代码。

```
select staff.*, market.month, market.sales
from staff
inner join market
on staff.sid = market.sid;
```

▶ 举例：给表起一个别名

```
select s.name, m.month, m.sales
from staff as s
inner join market as m
on s.sid = m.sid;
```

运行结果如图 10-10 所示。

name	month	sales
杰克	3	255
杰克	4	182
汤姆	1	414
露西	5	278
露西	6	193
莉莉	10	430
玛丽	3	165
玛丽	5	327

图 10-10

▶ 分析：

在多表连接中，我们可以使用 as 关键字来给表起一个别名。这在面对表名比较复杂的时候是非常有用的。给表添加一个易于理解的别名，可以让代码的可读性更高。

▶ 举例：使用 where 子句

```
select staff.name, market.month, market.sales
from staff
inner join market
on staff.sid = market.sid
where market.sales > 200;
```

运行结果如图 10-11 所示。

name	month	sales
杰克	3	255
汤姆	1	414
露西	5	278
莉莉	10	430
玛丽	5	327

图 10-11

▶ 分析：

where market.sales>200 表示从结果中选取 market.sales 大于 200 的记录。需要注意的是，这里不能写成 where sales>200，而应该写成 where market.sales>200。

总而言之：**在多表连接中，不管是在什么子句中，所有列名前面都应该加上一个表名**，这样 MySQL 才能正确判断是哪一个表中的哪一列。

10.3.2 深入了解

1. 单表查询

对于单表查询来说，列名前面的表名前缀是可以省略的，也就是"表名.列名"可以直接写成"列名"。

```
-- 简写方式
select name, type, price
from product;
```

上面的 SQL 语句本质上是一种简写方式，它其实等价于下面的 SQL 语句。

```
-- 完整写法
select product.name, product.type, product.price
from product;
```

只不过由于这里只有一个表，MySQL 已经自动识别了这些列都是 product 表中的列，所以我们就没有必要在列名前面加上表名前缀了。

2. using(列名)

在前面的例子中，我们指定了 staff.sid=market.sid，以表示将两个表的 sid 列作为连接键。实际上，这里的列名可以不相同，只需要内容相同即可。即使一个表的列名叫作 sidA，另一个表的列名叫作 sidB 也没有关系。

在这种情况下，只需要写成 on staff.sidA=market.sidB 即可，然后 MySQL 会根据这两个列的值进行判断。

在前面的例子中，作为连接键的两个列刚好都是 sid 这个名字而已。如果两个表的连接键的名字是相同的，我们可以使用更简单的一种方式：using(列名)。

下面两种方式是等价的，也就是 on staff.sid=market.sid 等价于 using(sid)。小伙伴们可以自行试一下。

```
-- 方式1
select *
from staff
inner join market
on staff.sid = market.sid;

-- 方式2
select *
from staff
inner join market
using(sid);
```

不过在实际开发中，对于用于作为连接键的列，我们更推荐使用相同的列名，主要是相同的列名理解起来更直观、容易一些。

> **数据库差异性**
>
> using(列名) 只适用于 MySQL 和 Oracle，而 SQL Server 是没有这种语法的。

3. 连接多个表

在 SQL 中，内连接不仅可以连接两个表，还可以连接多个表（3 个或 3 个以上）。如果想要连接多个表，我们只需要多次使用 inner join 即可。

▶ **语法：**

```
select 列名
from 表A
inner join 表B on 连接条件
inner join 表C on 连接条件
……
;
```

接下来创建一个名为"area"的数据表，该表保存的是员工所在区域信息，包括工号、城市等。area 表的结构如表 10-8 所示，其数据如表 10-9 所示。

表 10-8　area 表的结构

列　　名	类　　型	长　　度	允许 NULL	是否主键	注　　释
sid	char	5	√	×	工号
city	varchar	10	√	×	城市

表 10-9　area 表的数据

sid	city
A101	北京
A102	上海
A103	广州
A104	深圳
A105	杭州

▶ **举例：**

```
select staff.name, market.month, market.sales, area.city
from staff
inner join market using(sid)
inner join area using(sid);
```

运行结果如图 10-12 所示。

name	month	sales	city
杰克	3	255	北京
杰克	4	182	北京
汤姆	1	414	上海
露西	5	278	广州
露西	6	193	广州
莉莉	10	430	深圳
玛丽	3	165	杭州
玛丽	5	327	杭州

图 10-12

▶ **分析：**

如果不是使用"using(列名)"，而是使用"on"，我们应该写成下面这样。小伙伴们可以自行对比一下这两种写法。

```
select staff.name, market.month, market.sales, area.city
from staff
inner join market on staff.sid = market.sid
inner join area on staff.sid = area.sid;
```

4. 查询条件

在内连接中，on 子句用于指定查询条件。一般情况下，我们都是使用等值连接。比如 on staff.sid=market.sid 表示查询数据时，需要满足 staff.sid=market.sid 这个条件才行。

实际上，内连接的查询条件并不一定要使用"="。除了等值连接，我们还可以使用非等值连接。所谓的非等值连接，指的是 on 子句使用的是除了"="的其他运算符（如 >、>=、<、<=、<> 等）进行的连接，比如 staff.sid<>market.sid。

10.4 外连接

10.4.1 外连接是什么

在介绍外连接之前，我们先来看一个简单的例子。首先在 staff 表中增加 2 行记录（如表 10-10 所示），这两个 sid 在 market 表中是没有的。然后在 market 表中增加 1 条记录（如表 10-11 所示），这个 sid 在 staff 表中是没有的。

表 10-10　staff 表的数据

sid	name	sex	age
A101	杰克	男	35
A102	汤姆	男	21
A103	露西	女	40
A104	莉莉	女	32
A105	玛丽	女	28
A106	**詹姆斯**	**男**	**42**
A107	**安东尼**	**男**	**25**

表 10-11　market 表的数据

sid	month	sales
A101	3	255
A101	4	182
A102	1	414
A103	5	278
A103	6	193
A104	10	430
A105	3	165
A105	5	327
A111	**6**	**250**

▼ 举例：

```
select *
from staff
inner join market
on staff.sid = market.sid;
```

运行结果如图 10-13 所示。

sid	name	sex	age	sid(1)	month	sales
A101	杰克	男	35	A101	3	255
A101	杰克	男	35	A101	4	182
A102	汤姆	男	21	A102	1	414
A103	露西	女	40	A103	5	278
A103	露西	女	40	A103	6	193
A104	莉莉	女	32	A104	10	430
A105	玛丽	女	28	A105	3	165
A105	玛丽	女	28	A105	5	327

图 10-13

▼ 分析：

如果使用 inner join 来连接 staff 表和 market 表，那么在查询结果中，A106、A107、A111 这 3 个 sid 对应的记录并不会显示出来。这是因为 A106 和 A107 是 staff 表独有的，而 A111 是 market 表独有的。

也就是说，内连接只会提取与连接键相匹配的结果，而单独存在于某一个表中的记录则会被忽略。但有时候我们想要把所有记录都显示出来，此时应该怎么办呢？这就需要用到外连接了。

在 SQL 中，根据连接时要提取的是哪个表的全部记录，可以将外连接分为以下 3 种类型。

▶ 左外连接：根据左表提取结果。
▶ 右外连接：根据右表提取结果。
▶ 完全外连接：同时对左表和右表提取结果。

10.4.2 左外连接

左外连接，指的是根据"左表"来获取结果。在 SQL 中，我们可以使用 left outer join 来实现左外连接。

▶ **语法**：

```
select 列名
from 表A
left outer join 表B
on 表A.列名 = 表B.列名;
```

▶ **说明**：

左外连接和内连接的语法是相似的，只是内连接使用的是 inner join，而左外连接使用的是 left outer join，其他的语法不变。

left outer join 可以简写为 left join，不过我们推荐使用 left outer join，因为这种写法可以让代码的可读性更高。

▶ **举例**：

```
select *
from staff
left outer join market
on staff.sid = market.sid;
```

运行结果如图 10-14 所示。

sid	name	sex	age	sid(1)	month	sales
A101	杰克	男	35	A101	3	255
A101	杰克	男	35	A101	4	182
A102	汤姆	男	21	A102	1	414
A103	露西	女	40	A103	5	278
A103	露西	女	40	A103	6	193
A104	莉莉	女	32	A104	10	430
A105	玛丽	女	28	A105	3	165
A105	玛丽	女	28	A105	5	327
A106	詹姆斯	男	42	(Null)	(Null)	(Null)
A107	安东尼	男	25	(Null)	(Null)	(Null)

图 10-14

▶ **分析**：

在这个例子中，左边的表是 staff，右边的表是 market。由于这里使用的是左外连接，所以我们根据左边的 staff 表所拥有的 sid 来查询结果。因此结果会显示 sid 为 A106、A107 的记录，而不会显示 sid 为 A111 的记录。

由于 sid 为 A106 和 A107 在 market 表中并未找到对应的数据，所以其对应的列数据就是 NULL，这其实很好理解。

10.4.3 右外连接

右外连接，指的是根据"右表"来获取结果。在 SQL 中，我们可以使用 right outer join 来实现右外连接。

▶ **语法**：

```
select 列名
from 表A
right outer join 表B
on 表A.列名 = 表B.列名;
```

▶ **说明**：

左外连接使用的是 left outer join，右外连接使用的是 right outer join。

right outer join 可以简写为 right join，不过我们推荐使用 right outer join，因为这种写法可以让代码的可读性更高。

▶ **举例**：

```
select *
from staff
right outer join market
on staff.sid = market.sid;
```

运行结果如图 10-15 所示。

sid	name	sex	age	sid(1)	month	sales
A101	杰克	男	35	A101	3	255
A101	杰克	男	35	A101	4	182
A102	汤姆	男	21	A102	1	414
A103	露西	女	40	A103	5	278
A103	露西	女	40	A103	6	193
A104	莉莉	女	32	A104	10	430
A105	玛丽	女	28	A105	3	165
A105	玛丽	女	28	A105	5	327
(Null)	(Null)	(Null)	(Null)	A111	6	250

图 10-15

▶ **分析**：

左边的表是 staff，右边的表是 market。由于这里使用的是右外连接，所以我们根据右边的 market 表所拥有的 sid 来查询结果。因此结果会显示 sid 为 A111 的记录，而不会显示 sid 为 A106 和 A107 的记录。

10.4.4 完全外连接

像 SQL Server 等 DBMS 中，我们可以使用 full outer join 来实现完全外连接。所谓的完全外连接，指的是连接之后同时保留左表和右表中的所有记录，它相当于左外连接和右外连接的并集。

不过 MySQL 并没有提供 full outer join 这样的方式，如果想要在 MySQL 中实现完全外连接，我们可以稍微变通：**首先获取左外连接的结果，然后获取右外连接的结果，最后使用 union 求并集即可**。

▶ 举例：

```
select * from staff left outer join market on staff.sid = market.sid
union
select * from staff right outer join market on staff.sid = market.sid
```

运行结果如图 10-16 所示。

sid	name	sex	age	sid(1)	month	sales
A101	杰克	男	35	A101	3	255
A101	杰克	男	35	A101	4	182
A102	汤姆	男	21	A102	1	414
A103	露西	女	40	A103	5	278
A103	露西	女	40	A103	6	193
A104	莉莉	女	32	A104	10	430
A105	玛丽	女	28	A105	3	165
A105	玛丽	女	28	A105	5	327
A106	詹姆斯	男	42	(Null)	(Null)	(Null)
A107	安东尼	男	25	(Null)	(Null)	(Null)
(Null)	(Null)	(Null)	(Null)	A111	6	250

图 10-16

▶ 分析：

完全外连接，可以认为是左外连接和右外连接的并集，小伙伴们对比理解一下就非常清楚了。

数据库差异性

对于完全外连接，MySQL 需要使用"曲线救国"的方式来实现，而 SQL Server 和 Oracle 则可以直接使用 full outer join 来实现。

```
-- MySQL
select * from staff left outer join market on staff.sid = market.sid
```

```
    union
    select * from staff right outer join market on staff.sid = market.sid;

    -- SQL Server和Oracle
    select *
    from staff
    full outer join market
    on staff.sid = market.sid;
```

10.4.5 深入了解

多表查询分为内连接和外连接这两种，其中内连接一般也称为等值连接（非等值连接很少会用到），它会返回两个表都符合条件的部分。内连接类似于连接之后取交集（如图 10-17 所示），注意是连接之后再取交集，而不是直接取两个表的交集。拿 staff.sid=market.sid 来说，只有 staff 和 market 这两个表的 sid 字段的值都存在时，才会进行连接。

图 10-17

但对于外连接来说，并不一定是连接之后再取并集。只有完全外连接（如图 10-18 所示）才是连接之后再取并集。如果是左外连接（如图 10-19 所示）或右外连接（如图 10-20 所示），则是根据左表或右表来显示一个表中的所有行和另一个表中匹配行的结果。

图 10-18　　　　　　　　图 10-19　　　　　　　　图 10-20

拿 staff.sid=market.sid 来说，如果使用的是 left outer join，那么会根据 staff 表的 sid 值来进行连接，即使 market 表不存在对应的 sid 值。如果使用的是 right outer join，那么会根据 market 表的 sid 值来进行连接，即使 staff 表不存在对应的 sid 值。

在左外连接中，对于来自左表中的连接键值，如果在右表中没有找到对应的连接键值，那么来自右表中的列值将会是 NULL。在右外连接中，对于来自右表中的连接键值，如果在左表中没有找到对应的连接键值，那么来自左表中的列值将会是 NULL。如果是完全外连接，那么结果就是左外连接和右外连接的并集。

在实际开发中，我们应该清楚以下两点。
- 对于多表连接来说，常用的是内连接，外连接用得比较少。
- 如果使用外连接，一般只会用到左外连接，个别情况下会用到完全外连接。

10.5 笛卡儿积连接

笛卡儿积连接，也叫作"交叉连接"，它指的是同时从多个表中查询数据，然后组合返回数据。笛卡儿积连接的特殊之处在于，如果它不使用 where 子句指定查询条件，那么它会返回多个表的全部记录。

▼ **语法**：

```
select 列名
from 表名1, 表名2;
```

▼ **说明**：

from 后面可以接多个表名，表名与表名之间使用英文逗号隔开。对于笛卡儿积连接来说，它后面可以使用 where 子句指定条件，也可以不指定条件。

在 MySQL 中，笛卡儿积连接有两种写法：一种是使用英文逗号隔开，另一种是使用 cross join 关键字。下面两种写法是等价的。

```
-- 写法1
select 列名
from 表名1, 表名2;

-- 写法2
select 列名
from 表名1 cross join 表名2;
```

前面章节创建了一个 staff 表和一个 employee 表。接下来我们删除这两个表中的部分数据，得到的新的 staff 表如图 10-21 所示，得到的新的 employee 表如图 10-22 所示。

sid	name	sex	age
A101	杰克	男	35
A102	汤姆	男	21
A103	露西	女	40
A104	莉莉	女	32

图 10-21

id	name	sex	age	title
1	张亮	男	36	前端工程师
2	李红	女	24	UI设计师
3	王莉	女	27	平面设计师

图 10-22

▶ **举例**：

```
select *
from staff, employee;
```

运行结果如图 10-23 所示。

sid	name	sex	age	id	name(1)	sex(1)	age(1)	title
A101	杰克	男	35	1	张亮	男	36	前端工程师
A101	杰克	男	35	2	李红	女	24	UI设计师
A101	杰克	男	35	3	王莉	女	27	平面设计师
A102	汤姆	男	21	1	张亮	男	36	前端工程师
A102	汤姆	男	21	2	李红	女	24	UI设计师
A102	汤姆	男	21	3	王莉	女	27	平面设计师
A103	露西	女	40	1	张亮	男	36	前端工程师
A103	露西	女	40	2	李红	女	24	UI设计师
A103	露西	女	40	3	王莉	女	27	平面设计师
A104	莉莉	女	32	1	张亮	男	36	前端工程师
A104	莉莉	女	32	2	李红	女	24	UI设计师
A104	莉莉	女	32	3	王莉	女	27	平面设计师

图 10-23

▶ **分析**：

从结果可以看出，返回的列数为 9，刚好是两个表的列数之和（staff 表是 4 列、employee 表是 5 列）；返回的行数为 12，刚好是两个表的行数之积（staff 表是 4 行、employee 表是 3 行）。

对于这个例子来说，下面两种方式是等价的。在实际开发中，我们更推荐使用方式 1，因为它更简洁。

```
-- 方式1
select *
from staff, employee;

-- 方式2
select *
from staff cross join employee;
```

笛卡儿积连接是非常有用的，不过对于初学者来说，这里简单了解一下即可。在第 19 章中，我们再给小伙伴们介绍一下如何正确地使用它。

10.6　自连接

在 MySQL 中，还有一种很特殊的多表连接方式——自连接。在自连接时，连接的两个表是同一个表，我们一般需要通过起一个别名来进行区分。

▶ **语法**：

```
select 列名
from 表名1 as 别名1，表名2 as 别名2;
```

▶ **说明**：

对于自连接来说，我们必须给表定义不同的别名。因为如果两个同名的表直接进行连接，会显示两个同名的列，这样就无法对列进行识别了。

自连接可以认为是一种特殊的笛卡儿积连接，只不过自连接中 from 子句使用的表是同一个表。这句话对于理解自连接非常重要。

在本节中，我们同样使用之前的 staff 表来进行试验。其中，staff 表的数据如图 10-24 所示。

sid	name	sex	age
A101	杰克	男	35
A102	汤姆	男	21
A103	露西	女	40
A104	莉莉	女	32

图 10-24

▶ **举例**：

```
select *
from staff as s1, staff as s2;
```

运行结果如图 10-25 所示。

sid	name	sex	age	sid(1)	name(1)	sex(1)	age(1)
A101	杰克	男	35	A101	杰克	男	35
A102	汤姆	男	21	A101	杰克	男	35
A103	露西	女	40	A101	杰克	男	35
A104	莉莉	女	32	A101	杰克	男	35
A101	杰克	男	35	A102	汤姆	男	21
A102	汤姆	男	21	A102	汤姆	男	21
A103	露西	女	40	A102	汤姆	男	21
A104	莉莉	女	32	A102	汤姆	男	21
A101	杰克	男	35	A103	露西	女	40
A102	汤姆	男	21	A103	露西	女	40
A103	露西	女	40	A103	露西	女	40
A104	莉莉	女	32	A103	露西	女	40
A101	杰克	男	35	A104	莉莉	女	32
A102	汤姆	男	21	A104	莉莉	女	32
A103	露西	女	40	A104	莉莉	女	32
A104	莉莉	女	32	A104	莉莉	女	32

图 10-25

▶ **分析：**

这个例子是将 staff 表进行自连接，也就是表只有 1 个，但名字有 2 个。由于 staff 表有 4 条记录，那么自连接之后就有 4×4=16 条记录了。

这里小伙伴们就会问了："对一个表进行自连接，这样做有什么意义呢？"其实自连接的结果会包含所有的组合，如果其中有我们想要的组合，那么就可以通过设置条件来选出想要的内容。

接下来介绍自连接比较经典的一个应用场景：**排名**。实际上较新版本的 MySQL 已经提供了一个很好用的 rank() 函数。如果不借助 rank() 函数，我们如何获取数据的排名呢？此时使用自连接就可以很方便地实现。

这里还是要清楚一点，排名和排序是非常类似的，不过它们也是有一定区别的：排名会新增一个列，用于表示排名的情况。比如对 staff 表的 age 列进行降序排列，此时得到的结果如图 10-26 所示。如果想要获取排名，我们应该增加一列来表示名次，如图 10-27 所示。

sid	name	sex	age
A103	露西	女	40
A101	杰克	男	35
A104	莉莉	女	32
A102	汤姆	男	21

图 10-26

sid	name	sex	age	排名
A103	露西	女	40	1
A101	杰克	男	35	2
A104	莉莉	女	32	3
A102	汤姆	男	21	4

图 10-27

像增加一列以表示排名这种情况，我们可以使用自连接来实现。首先查看自连接的前 4 条记录（如图 10-28 所示），左侧是所有员工的情况，而右侧都是"杰克"的情况。此时就可以将"杰克"的年龄（35）——与左侧的年龄比较，可以看出大于等于 35 的有 35 和 40 这 2 个，所以杰克的年龄排在第 2 名。

sid	name	sex	age	sid(1)	name(1)	sex(1)	age(1)
A101	杰克	男	35	A101	杰克	男	35
A102	汤姆	男	21	A101	杰克	男	35
A103	露西	女	40	A101	杰克	男	35
A104	莉莉	女	32	A101	杰克	男	35
A101	杰克	男	35	A102	汤姆	男	21
A102	汤姆	男	21	A102	汤姆	男	21
A103	露西	女	40	A102	汤姆	男	21
A104	莉莉	女	32	A102	汤姆	男	21
A101	杰克	男	35	A103	露西	女	40
A102	汤姆	男	21	A103	露西	女	40
A103	露西	女	40	A103	露西	女	40
A104	莉莉	女	32	A103	露西	女	40
A101	杰克	男	35	A104	莉莉	女	32
A102	汤姆	男	21	A104	莉莉	女	32
A103	露西	女	40	A104	莉莉	女	32
A104	莉莉	女	32	A104	莉莉	女	32

图 10-28

然后我们来看第 2 组，也就是第 5 ~ 8 条记录（如图 10-29 所示）。左侧是所有员工的情况，而右侧都是"汤姆"的情况。此时就可以将"汤姆"的年龄（21）——与左侧的年龄比较，可以看出大于等于 21 的有 40、35、32、21 这 4 个，所以汤姆的年龄排在第 4 名。

sid	name	sex	age	sid(1)	name(1)	sex(1)	age(1)
A101	杰克	男	35	A101	杰克	男	35
A102	汤姆	男	21	A101	杰克	男	35
A103	露西	女	40	A101	杰克	男	35
A104	莉莉	女	32	A101	杰克	男	35
A101	杰克	男	35	A102	汤姆	男	21
A102	汤姆	男	21	A102	汤姆	男	21
A103	露西	女	40	A102	汤姆	男	21
A104	莉莉	女	32	A102	汤姆	男	21
A101	杰克	男	35	A103	露西	女	40
A102	汤姆	男	21	A103	露西	女	40
A103	露西	女	40	A103	露西	女	40
A104	莉莉	女	32	A103	露西	女	40
A101	杰克	男	35	A104	莉莉	女	32
A102	汤姆	男	21	A104	莉莉	女	32
A103	露西	女	40	A104	莉莉	女	32
A104	莉莉	女	32	A104	莉莉	女	32

图 10-29

同样地，我们可以判断露西的年龄排在第 1 名，而莉莉的年龄排在第 3 名。

也就是说，只需要统计左侧有多少个大于等于右侧的记录，就可以获取对应的排名了。对于个数的统计，可以使用 count(*) 函数。接下来，我们一步一步地实现。

▶ 举例：

```
select *
from staff as s1, staff as s2
where s1.age <= s2.age;
```

运行结果如图 10-30 所示。

sid	name	sex	age	sid(1)	name(1)	sex(1)	age(1)
A101	杰克	男	35	A101	杰克	男	35
A102	汤姆	男	21	A101	杰克	男	35
A104	莉莉	女	32	A101	杰克	男	35
A102	汤姆	男	21	A102	汤姆	男	21
A101	杰克	男	35	A103	露西	女	40
A102	汤姆	男	21	A103	露西	女	40
A103	露西	女	40	A103	露西	女	40
A104	莉莉	女	32	A103	露西	女	40
A102	汤姆	男	21	A104	莉莉	女	32
A104	莉莉	女	32	A104	莉莉	女	32

图 10-30

▶ **分析：**

这个例子获取的是左侧 age 小于等于右侧 age 的所有记录，我们只需要对左侧的 sid 进行分组，然后同时使用 count(*) 函数来统计每一个分组的个数，就可以获取对应的排名了。

▶ **举例：实现排名**

```
select s1.name, s1.age, count(*)
from staff as s1, staff as s2
where s1.age <= s2.age
group by s1.sid;
```

运行结果如图 10-31 所示。

name	age	count(*)
杰克	35	2
汤姆	21	4
莉莉	32	3
露西	40	1

图 10-31

▶ **分析：**

为了使结果更直观，我们可以使用 order by 子句来降序排列。执行下面的代码之后，结果如图 10-32 所示。

```
select s1.name as 姓名, s1.age as 年龄, count(*) as 排名
from staff as s1, staff as s2
where s1.age <= s2.age
group by s1.sid
order by 排名;
```

姓名	年龄	排名
露西	40	1
杰克	35	2
莉莉	32	3
汤姆	21	4

图 10-32

由于 MySQL 已经提供了 rank() 函数，我们就没有必要使用自连接来实现排名了。上面例子只是为了让小伙伴们了解一下自连接是怎么使用的。自连接在实际开发中是非常重要的，这里小伙伴们暂时不用纠结。

为了方便后面内容的学习，我们需要将 staff、market 和 employee 表中的数据恢复成最初的样式，也就是执行下面 3 段代码。

代码 1：恢复 staff 表

```sql
-- 清空表
truncate table staff;

-- 插入数据
insert into staff
values
('A101', '杰克', '男', 35),
('A102', '汤姆', '男', 21),
('A103', '露西', '女', 40),
('A104', '莉莉', '女', 32),
('A105', '玛丽', '女', 28);

-- 查看表
select * from staff;
```

代码 2：恢复 market 表

```sql
-- 清空表
truncate table market;

-- 插入数据
insert into market
values
('A101', 3, 255),
('A101', 4, 182),
('A102', 1, 414),
('A103', 5, 278),
('A103', 6, 193),
('A104', 10, 430),
('A105', 3, 165),
('A105', 5, 327);

-- 查看表
select * from market;
```

代码 3：恢复 employee 表

```sql
-- 清空表
truncate table employee;

-- 插入数据
insert into employee
values
(1, '张亮', '男', 36, '前端工程师'),
(2, '李红', '女', 24, 'UI 设计师'),
(3, '王莉', '女', 27, '平面设计师'),
(4, '张杰', '男', 40, '后端设计师'),
(5, '王红', '女', 32, '游戏设计师');

-- 查看表
select * from employee;
```

> **数据库差异性**
>
> 当给表起别名时，MySQL 和 SQL Server 中的 as 关键字可以省略也可以不省略。但是对于 Oracle 来说，我们是不能加上 as 关键字的，否则会报错。
>
> ```
> -- Oracle（正确）
> select 列名
> from 表名1 别名1, 表名1 别名2;
>
> -- Oracle（错误）
> select 列名
> from 表名1 as 别名1, 表名1 as 别名2;
> ```

10.7 本章练习

一、单选题

1. 对于多表连接来说，MySQL 默认的连接方式是（   ）。
   A. 内连接　　　　B. 自连接　　　　C. 左外连接　　　　D. 右外连接
2. 如果想要合并两个结果集，并且保留重复记录，应该使用（   ）。
   A. union　　　　B. union all　　　　C. all　　　　D. join
3. 一个员工有多个手机号，每个手机号仅属于某个特定的员工，那么员工和手机号的关系是（   ）。
   A. 一对一　　　　B. 一对多　　　　C. 多对多　　　　D. 以上都不对
4. 下面的说法中，不正确的是（   ）。
   A. select 语句既可以实现单表查询，也可以实现多表查询
   B. 联合查询是以"行"为单位进行操作的
   C. 内连接查询是以"行"为单位进行操作的
   D. 外连接查询是以"列"为单位进行操作的

二、简答题

1. 请简述一下表与表的关系有哪些？
2. 请简述一下 union 和 union all 的区别。
3. 请简述一下左外连接、右外连接和完全外连接的区别。

第 11 章 视图

11.1 创建视图

在介绍什么是视图之前，先来看一个简单的例子。从前文可以知道，如果想要获取 staff 和 market 这两个表内连接的结果，并且要去除重复列，我们应该写成下面这样。

```
select staff.sid, staff.name, staff.sex, staff.age, market.month, market.sales
from staff
inner join market
on staff.sid = market.sid;
```

可以看出，上面的 select 语句非常冗长。如果下次还需要获取这些信息，我们还得手动再输入一遍这条 select 语句，显然这样是比较麻烦的。那么有没有一种更简单的解决办法呢？答案是肯定的，那就是将这条 select 语句保存到"视图"里面。

11.1.1 视图简介

视图和表是类似的，两者唯一的区别是：**表保存的是实际的数据，而视图保存的是一条 select 语句（视图本身并不存储数据）**。用简单的一句话来说就是：视图是一个临时表或虚拟表。

视图和表一样，也有增、删、查、改等操作。总而言之，对于视图，你只需要将其看成一张特殊的表即可，只不过这张表保存的是一条 select 语句，而并非实际数据。

在 MySQL 中，我们可以使用 create view 语句来创建视图。

▼ **语法：**

```
create view 视图名
as select 语句;
```

▶ 说明：

create view 语句由两部分组成：create view 子句和 as 子句。其中，create view 后面接的是视图名，as 后面接的是一条 select 语句。

▶ 举例：

```
create view product_v1
as select name, price from product;
```

运行结果如图 11-1 所示。

图 11-1

▶ 分析：

当结果显示为"OK"时，就表示成功创建了一个名为"product_v1"的视图。如何在 Navicat for MySQL 中查看这个视图呢？只需要以下两步就可以了。

① **刷新视图**：选中左侧的【视图】，单击鼠标右键并选择【刷新】（如图 11-2 所示），就可以看到刚刚创建的视图。

② **查看视图**：选中【product_v1】，单击鼠标右键并选择【打开视图】（如图 11-3 所示），就可以查看视图的内容。

图 11-2

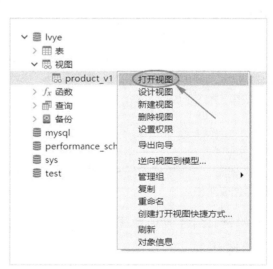

图 11-3

如果想要查询表中的所有数据，我们可以使用"select * from 表名 ;"的方式来实现。视图和表是一样的，如果想要查询视图中的所有数据，我们可以使用"select * from 视图名 ;"的方式来实现。

▶ 举例：

```
select *
from product_v1;
```

运行结果如图 11-4 所示。

name	price
橡皮	2.5
尺子	1.2
铅笔	4.6
筷子	39.9
汤勺	12.5
盘子	89.0
衬衫	69.0
裙子	60.0
夹克	79.0
短裤	39.9

图 11-4

▶ 分析：

需要强调一点，视图保存的是一条 select 语句，并不是查询结果。视图其实相当于某条 select 语句的别名。所以创建视图的时候，我们并不是把查询结果保存起来，真正保存的是 select 语句。

像上面例子的 select * from product_v1;，在对视图进行查询时，MySQL 服务器会先将视图的查询语句转换为对原表的查询语句，再去执行。也就是说，当执行 select * from product_v1; 时，最终执行的是下面这条语句。

```
select name, price
from product;
```

虽然视图的实现原理是在执行语句时转换为对原表的操作，但是在使用层面上，我们完全可以把视图当作表来使用。

▶ 举例：结合 where 子句

```
-- 创建视图
create view product_v2
as select name, price from product where price < 10;
```

```sql
-- 查看视图
select * from product_v2;
```

运行结果如图 11-5 所示。

name	price
橡皮	2.5
尺子	1.2
铅笔	4.6

图 11-5

▼ 分析：

小伙伴们牢牢记住这么一句话：**视图本质上保存的是一条 select 语句**。所以创建视图时使用的 select 语句与普通的 select 语句是类似的，其同样可以有 where 子句。

学了那么多，那么视图到底有什么用呢？其实视图的作用很多，主要有以下 3 个方面。

- **聚焦特定数据**：比如某一个表的列非常多，而我们一般只会用到某几个列的数据，此时就可以使用视图来聚焦特定数据，为用户定制数据。
- **提高重用性**：如果一个查询操作经常被使用，并且 select 语句又长又复杂（比如使用很多聚合函数、关联其他表等），此时我们可以将其保存为一个视图。
- **提高安全性**：对于一些不能被修改的重要字段，如果我们不希望被用户误操作，此时可以使用视图只显示一些不重要的字段，而把那些重要字段隐藏起来。

11.1.2　修改数据

对于一个表来说，修改数据的操作包括：插入（insert）、更新（update）、删除（delete）。对于一个视图来说，我们同样可以对其进行这 3 个操作。

需要说明的是，在使用 union、inner join、子查询的视图中，不能执行 insert 和 update 这两个操作；而对于使用普通 select 语句的视图，insert 和 update 这两个操作则是允许的。

1. 更新数据

和表一样，我们也是使用 update 语句来对视图进行数据更新的。需要注意的是，视图是原表的一部分，它指向的是原表中的数据。所以更新视图中的数据，原表中对应的数据也会随之改变。

▼ 语法：

```
update 视图名
set 列名 = 新值;
```

▶ 说明：

首先我们确认一下 product（原表）的数据，如图 11-6 所示。然后确认一下 product_v1（视图）的数据，如图 11-7 所示。

图 11-6

图 11-7

▶ 举例：更新视图

```
-- 更新视图
update product_v1
set price = 2.0
where name = '橡皮';

-- 查看视图
select * from product_v1;
```

运行结果如图 11-8 所示。

图 11-8

▶ 分析：

更新视图中的数据之后，我们执行 select * from product; 来查看一下原表中的数据，此时发现原表中的数据也随之被修改了，如图 11-9 所示。

id	name	type	city	price	rdate
1	橡皮	文具	广州	2.0	2022-03-19
2	尺子	文具	杭州	1.2	2022-01-21
3	铅笔	文具	杭州	4.6	2022-05-01
4	筷子	餐具	广州	39.9	2022-05-27
5	汤勺	餐具	杭州	12.5	2022-07-05
6	盘子	餐具	广州	89.0	2022-12-12
7	衬衫	衣服	广州	69.0	2022-08-11
8	裙子	衣服	杭州	60.0	2022-06-18
9	夹克	衣服	广州	79.0	2022-09-01
10	短裤	衣服	杭州	39.9	2022-10-24

图 11-9

再来看一个相反的情况，如果更新原表中的数据，那么视图中的数据会不会也跟着改变呢？请看下面的例子。

▶ 举例：更新原表

```
-- 更新原表
update product
set price = 1.0
where name = '尺子';

-- 查看原表
select * from product;
```

运行结果如图 11-10 所示。

id	name	type	city	price	rdate
1	橡皮	文具	广州	2.0	2022-03-19
2	尺子	文具	杭州	1.0	2022-01-21
3	铅笔	文具	杭州	4.6	2022-05-01
4	筷子	餐具	广州	39.9	2022-05-27
5	汤勺	餐具	杭州	12.5	2022-07-05
6	盘子	餐具	广州	89.0	2022-12-12
7	衬衫	衣服	广州	69.0	2022-08-11
8	裙子	衣服	杭州	60.0	2022-06-18
9	夹克	衣服	广州	79.0	2022-09-01
10	短裤	衣服	杭州	39.9	2022-10-24

图 11-10

▶ **分析:**

更新原表中的数据之后,我们执行 select * from product_v1; 来查看一下视图中的数据,此时发现视图中的数据也随之被修改了,如图 11-11 所示。

name	price
橡皮	2.0
尺子	1.0
铅笔	4.6
筷子	39.9
汤勺	12.5
盘子	89.0
衬衫	69.0
裙子	60.0
夹克	79.0
短裤	39.9

图 11-11

视图是一个临时表,它本身并不保存数据,而是保存一条 select 语句。视图中的数据都是来源于原表的。由于视图本身是没有数据的,所以我们对视图数据的修改,本质上修改的是原表中的数据。你可以简单地这样认为:**视图和原表共享一份数据**。

2. 插入数据

我们都知道视图只是一个临时表,并不会保存实际的数据。如果将一条记录插入视图中,会出现怎样的结果呢?

为了方便测试例子,需要在 Navicat for MySQL 中把 product 表中 id 这一列的主键取消,并且要允许插入 NULL 值,此时 product 表的结构如图 11-12 所示。如果不这样做,那么当我们插入 id 为 NULL 的数据时,就无法插入成功。

名	类型	长度	小数点	不是 null	虚拟	键	注释
id	int			☐	☐		商品编号
name	varchar	10		☐	☐		商品名称
type	varchar	10		☐	☐		商品类型
city	varchar	10		☐	☐		来源城市
price	decimal	10	1	☐	☐		出售价格
rdate	date			☐	☐		入库时间

图 11-12

▶ **举例:往视图中插入数据**

```
-- 插入数据
insert into product_v1
values('尖叫鸡', 19.0);
```

```
-- 查看视图
select * from product_v1;
```

运行结果如图 11-13 所示。

name	price
橡皮	2.0
尺子	1.0
铅笔	4.6
筷子	39.9
汤勺	12.5
盘子	89.0
衬衫	69.0
裙子	60.0
夹克	79.0
短裤	39.9
尖叫鸡	19.0

图 11-13

▶ 分析：

往视图中插入数据之后，我们执行 select * from product; 来查看一下原表中的数据，如图 11-14 所示。

id	name	type	city	price	rdate
1	橡皮	文具	广州	2.0	2022-03-19
2	尺子	文具	杭州	1.0	2022-01-21
3	铅笔	文具	杭州	4.6	2022-05-01
4	筷子	餐具	广州	39.9	2022-05-27
5	汤勺	餐具	杭州	12.5	2022-07-05
6	盘子	餐具	广州	89.0	2022-12-12
7	衬衫	衣服	广州	69.0	2022-08-11
8	裙子	衣服	杭州	60.0	2022-06-18
9	夹克	衣服	广州	79.0	2022-09-01
10	短裤	衣服	杭州	39.9	2022-10-24
(Null)	尖叫鸡	(Null)	(Null)	19.0	(Null)

图 11-14

由于我们只是在视图中往 name 和 price 这两列插入数据，而其他列都是没有数据的，所以原表中其他列的值都为 NULL。

▶ 举例：往原表中插入数据

```
-- 插入数据
insert into product
values(12, '跳跳蛙', '玩具', '广州', 25.5, '2022-07-12');
```

```
-- 查看原表
select * from product;
```

运行结果如图 11-15 所示。

图 11-15

▶ 分析：

往原表中插入数据之后，我们执行 select * from product_v1; 来查看一下视图中的数据，如图 11-16 所示。

图 11-16

从上面两个例子可以看出，视图和原表是共享一份数据的，无论是往视图还是原表中插入数据，本质上都是往原表中插入数据。

接下来看一种特殊情况，也就是尝试在设置了条件的视图中插入不符合条件的数据，然后看一看原表又会发生什么变化。前文中我们使用下面的代码创建了一个名为"product_v2"的视图，接下来就用 product_v2 来进行试验。

```
-- 创建视图
create view product_v2
as select name, price from product where price < 10;
```

▶ 举例：

```
-- 插入数据
insert into product_v2
values('遥控车', 82.5);

-- 查看视图
select * from product_v2;
```

运行结果如图 11-17 所示。

name	price
橡皮	2.0
尺子	1.0
铅笔	4.6

图 11-17

▶ 分析：

往视图 product_v2 中插入数据之后，我们执行 select * from product; 来查看一下原表中的数据，如图 11-18 所示。

id	name	type	city	price	rdate
1	橡皮	文具	广州	2.0	2022-03-19
2	尺子	文具	杭州	1.0	2022-01-21
3	铅笔	文具	杭州	4.6	2022-05-01
4	筷子	餐具	广州	39.9	2022-05-27
5	汤勺	餐具	杭州	12.5	2022-07-05
6	盘子	餐具	广州	89.0	2022-12-12
7	衬衫	衣服	广州	69.0	2022-08-11
8	裙子	衣服	杭州	60.0	2022-06-18
9	夹克	衣服	广州	79.0	2022-09-01
10	短裤	衣服	杭州	39.9	2022-10-24
(Null)	尖叫鸡	(Null)	(Null)	19.0	(Null)
12	跳跳蛙	玩具	广州	25.5	2022-07-12
(Null)	遥控车	(Null)	(Null)	82.5	(Null)

图 11-18

因为"遥控车"的售价是 82.5，不符合 where price<10，所以并不会插入视图 product_v2 中，这里是没有问题的。但是很奇怪，原表 product 中竟然插入了这个数据！小伙伴们要注意这么一点：**当往视图中插入数据时，即使不符合 where 条件，数据也会被直接插入原表中。**

怎样才能解决上面这种问题呢？我们可以这样来做：在使用 create view 创建视图时，加上 with check option 来进行限制。拿 product_v2 来说，它的创建语句应该是下面这样的。

```
create view product_v2
as select name, price from product where price < 10
with check option;
```

这样一来，如果往 product_v2 中插入不符合 where price<10 的数据，就会发生错误。小伙伴们可以自行试一下。

3. 删除数据

和表一样，我们也是使用 delete 语句来删除视图中的数据的。同样地，删除视图中的数据，本质上会删除原表中对应的数据。

▼ **举例**：

```
-- 删除数据
delete from product_v1
where name = '遥控车';

-- 查看视图
select * from product_v1;
```

运行结果如图 11-19 所示。

name	price
橡皮	2.0
尺子	1.0
铅笔	4.6
筷子	39.9
汤勺	12.5
盘子	89.0
衬衫	69.0
裙子	60.0
夹克	79.0
短裤	39.9
尖叫鸡	19.0
跳跳蛙	25.5

图 11-19

▼ **分析**：

删除视图 product_v1 中"遥控车"这一条记录之后，我们执行 select * from product; 来查看一下原表中的数据，可以发现原表中"遥控车"这一条记录也被删除了，如图 11-20 所示。

id	name	type	city	price	rdate
1	橡皮	文具	广州	2.0	2022-03-19
2	尺子	文具	杭州	1.0	2022-01-21
3	铅笔	文具	杭州	4.6	2022-05-01
4	筷子	餐具	广州	39.9	2022-05-27
5	汤勺	餐具	杭州	12.5	2022-07-05
6	盘子	餐具	广州	89.0	2022-12-12
7	衬衫	衣服	广州	69.0	2022-08-11
8	裙子	衣服	杭州	60.0	2022-06-18
9	夹克	衣服	广州	79.0	2022-09-01
10	短裤	衣服	杭州	39.9	2022-10-24
(Null)	尖叫鸡	(Null)	(Null)	19.0	(Null)
12	跳跳蛙	玩具	广州	25.5	2022-07-12

图 11-20

▶ **举例**：

```
-- 删除数据
delete from product
where name in ('尖叫鸡', '跳跳蛙');

-- 查看原表
select * from product;
```

运行结果如图 11-21 所示。

id	name	type	city	price	rdate
1	橡皮	文具	广州	2.0	2022-03-19
2	尺子	文具	杭州	1.0	2022-01-21
3	铅笔	文具	杭州	4.6	2022-05-01
4	筷子	餐具	广州	39.9	2022-05-27
5	汤勺	餐具	杭州	12.5	2022-07-05
6	盘子	餐具	广州	89.0	2022-12-12
7	衬衫	衣服	广州	69.0	2022-08-11
8	裙子	衣服	杭州	60.0	2022-06-18
9	夹克	衣服	广州	79.0	2022-09-01
10	短裤	衣服	杭州	39.9	2022-10-24

图 11-21

▶ **分析**：

删除原表 product 中"尖叫鸡"和"跳跳蛙"这两条记录之后，我们执行 select * from product_v1; 来查看一下视图中的数据，可以发现视图中这两条记录也被删除了，如图 11-22 所示。

name	price
橡皮	2.0
尺子	1.0
铅笔	4.6
筷子	39.9
汤勺	12.5
盘子	89.0
衬衫	69.0
裙子	60.0
夹克	79.0
短裤	39.9

图 11-22

视图中虽然可以更新数据，但存在很多限制。一般情况下，最好将视图作为查询数据的虚拟表，而不要通过视图来更新数据。因为使用视图更新数据时，如果没有全面考虑在视图中更新数据的限制，可能会造成视图更新失败。

最后我们需要清楚一点，并不是所有视图都可以进行修改数据的操作（包括插入、更新、删除）的。对于 MySQL 来说，以下几种情况的视图不允许修改数据。

- 包含聚合函数的视图。
- 包含子查询的视图。
- 包含 distinct、group by、having、union 等的视图。
- 由不可更新的视图所创建的视图。

常见问题

1. 视图保存的是一条 select 语句，那么是不是说任意的 select 语句都可以呢？

并不是这样的，对于视图保存的 select 语句，存在以下 3 个限制。这里简单了解一下即可，不必过于深究。

- select 语句不能包含 from 子句中的子查询。
- select 语句不能引用系统变量或用户变量。
- select 语句不能引用预处理语句参数。

2. 对于视图来说，还有什么需要注意和补充的吗？

在 MySQL 中，对于视图来说，我们还需要注意以下 4 点。

- 视图可以嵌套，也就是基于一个视图去建立另一个视图。
- 不能给视图建立索引，也不能有相关的触发器（因为视图本身是没有数据的）。
- 视图可以和表一起使用，比如连接表和视图的 select 语句。
- 视图的个数没有限制，但是过多的视图会影响 MySQL 的性能。

11.2 查看视图

在 MySQL 中，如果想要查看视图的基本信息，我们有 3 种方式。

▼ **语法**：

```
-- 方式1
describe 视图名;

-- 方式2
show table status like '视图名';

-- 方式3
show create view 视图名;
```

▼ **说明**：

show table status like 后面接的是一个字符串，所以需要使用单引号把视图名括起来。

▼ **举例**：

```
describe product_v1;
```

运行结果如图 11-23 所示。

Field	Type	Null	Key	Default	Extra
name	varchar(10)	YES		(Null)	
price	decimal(5,1)	YES		(Null)	

图 11-23

▼ **分析**：

使用 describe 语句可以查看视图的字段信息，包括字段名、类型等。

▼ **举例**：

```
show table status like 'product_v1';
```

运行结果如图 11-24 所示。

Name	Engine	Version	Row_forma	Rows
product_v	(Null)	(Null)	(Null)	(Null)

图 11-24

▶ 分析：

使用 show table status like 语句可以查看视图的基本信息，包括视图名、引擎、版本等。

▶ 举例：

```
show create view product_v1;
```

运行结果如图 11-25 所示。

View	Create View	character_set_client	collation_connection
product_v1	CREATE ALGORITHM	utf8mb4	utf8mb4_0900_ai_ci

图 11-25

▶ 分析：

使用 show create view 语句可以查看视图的创建代码。

数据库差异性

本节介绍的 3 种查看视图的方式，只适用于 MySQL。对于 SQL Server 来说，我们一般在 SSMS 中查看视图。而对于 Oracle 来说，我们一般使用 desc 命令来查看视图。其中 desc 是一个 SQL 命令，而不是一个 SQL 语句，需要在命令行窗口中执行。

11.3 修改视图

在 MySQL 中，如果想要修改视图，我们有以下两种方式。
- alter view
- create or replace view

11.3.1 alter view

想要修改表的结构，我们可以使用 alter table 语句来实现。而想要修改视图的结构，我们可以使用 alter view 语句来实现。

▶ 语法：

```
alter view 视图名
as select 语句;
```

11.3 修改视图

▶ 说明：

修改视图结构的语法和创建视图的语法基本相同，只是这里将 create view 改为了 alter view。

▶ 举例：

```
alter view product_v1
as select name, type, price from product;
```

运行结果如图 11-26 所示。

图 11-26

▶ 分析：

当结果显示"OK"时，就表示对 product_v1 进行了修改。修改一个视图，本质上是对该视图中保存的 select 语句进行修改。

上面例子其实是将包含 name、price 这两列的视图修改成包含 name、type、price 这 3 列的视图。我们可以执行 select * from product_v1; 来查看视图是否修改成功，结果如图 11-27 所示。

name	type	price
橡皮	文具	2.0
尺子	文具	1.0
铅笔	文具	4.6
筷子	餐具	39.9
汤勺	餐具	12.5
盘子	餐具	89.0
衬衫	衣服	69.0
裙子	衣服	60.0
夹克	衣服	79.0
短裤	衣服	39.9

图 11-27

为了方便后面内容的学习，需要执行下面的 SQL 语句来还原 product_v1。

```
alter view product_v1
as select name, price from product;
```

11.3.2　create or replace view

除了 alter view 语句之外，我们还有一种更强大的方式，那就是使用 create or replace view 语句。

▶ **语法**：

```
create or replace view 视图名
as select 语句;
```

▶ **说明**：

create or replace 语句强大之处在于，如果视图已经存在，就会对已存在的视图进行修改；如果视图不存在，就会创建一个新的视图。

▶ **举例**：alter view

```
alter view product_v3
as select * from product;
```

运行结果如图 11-28 所示。

```
> 1146 - Table 'lvye.product_v3' doesn't exist
> 时间: 0.07s
```

图 11-28

▶ **分析**：

product_v3 这个视图一开始是不存在的，如果使用 alter view 语句对其进行修改，就会直接报错。

▶ **举例**：create or replace view

```
create or replace view product_v3
as select * from product;
```

运行结果如图 11-29 所示。

```
> Affected rows: 0
> 时间: 0.012s
```

图 11-29

▎分析：

使用 create or replace view 语句就不一样了，product_v3 是不存在的，所以这里会创建一个 product_v3。如果我们执行 select * from product_v3;，结果如图 11-30 所示。

id	name	type	city	price	rdate
1	橡皮	文具	广州	2.0	2022-03-19
2	尺子	文具	杭州	1.0	2022-01-21
3	铅笔	文具	杭州	4.6	2022-05-01
4	筷子	餐具	广州	39.9	2022-05-27
5	汤勺	餐具	杭州	12.5	2022-07-05
6	盘子	餐具	广州	89.0	2022-12-12
7	衬衫	衣服	广州	69.0	2022-08-11
8	裙子	衣服	杭州	60.0	2022-06-18
9	夹克	衣服	广州	79.0	2022-09-01
10	短裤	衣服	杭州	39.9	2022-10-24

图 11-30

> **数据库差异性**
>
> MySQL 和 SQL Server 都可以使用 alter view 和 create or replace view 这两种语句，但是 Oracle 只有 create or replace view 这一种语句可以使用。

11.4 删除视图

想要删除表，我们可以使用 drop table 语句来实现。而想要删除视图，我们可以使用 drop view 语句来实现。

▎语法：

```
drop view 视图名;
```

▎说明：

drop view 语句不仅可以删除一个视图，还可以同时删除多个视图，语法如下。

```
drop view 视图名1, 视图名2, ..., 视图名n;
```

如果删除的视图不存在，那么使用"drop view 视图名;"这种方式就会报错。不过我们可以在后面加上 if exists，这样即使视图不存在也不会报错，只是不执行删除操作而已。

```
drop view if exists 视图名;
```

此外需要清楚的是，删除一个视图，只是删除视图的定义，并不会删除该视图对应的原表中的数据。

▶ **举例：**

```
drop view if exists product_v1;
```

运行结果如图 11-31 所示。

图 11-31

▶ **分析：**

当结果显示"OK"时，说明已把 product_v1 这个视图删除了。我们打开 Navicat for MySQL，可以看到 product_v1 已经被删除，如图 11-32 所示。

图 11-32

为了方便后面内容的学习，需要执行下面的 SQL 代码，来把 product 表中的数据恢复成最初的样子。

```
-- 删除表
drop table product;

-- 创建表
create table product
(
    id      int primary key,
    name    varchar(10),
    type    varchar(10),
    city    varchar(10),
```

```
            price       decimal(5, 1),
            rdate       date
);

-- 插入数据
insert into product
values
(1, '橡皮', '文具', '广州', 2.5, '2022-03-19'),
(2, '尺子', '文具', '杭州', 1.2, '2022-01-21'),
(3, '铅笔', '文具', '杭州', 4.6, '2022-05-01'),
(4, '筷子', '餐具', '广州', 39.9, '2022-05-27'),
(5, '汤勺', '餐具', '杭州', 12.5, '2022-07-05'),
(6, '盘子', '餐具', '广州', 89.0, '2022-12-12'),
(7, '衬衫', '衣服', '广州', 69.0, '2022-08-11'),
(8, '裙子', '衣服', '杭州', 60.0, '2022-06-18'),
(9, '夹克', '衣服', '广州', 79.0, '2022-09-01'),
(10, '短裤', '衣服', '杭州', 39.9, '2022-10-24');

-- 查看表
select * from product;
```

> **数据库差异性**
>
> 使用 drop view 语句同时删除多个视图，这种方式只适用于 MySQL 和 SQL Server，并不适用于 Oracle。对于 Oracle 来说，drop view 语句每次只能删除一个视图。

11.5 多表视图

前面我们接触的都是单表视图，也就是在一个表中选取若干列来创建一个视图。除了单表视图之外，还有多表视图。多表视图，本质上是连接多个表并选取若干列来创建一个视图，所以多表视图会涉及多表查询。

▼ **语法**：

```
create view 视图名
as select 语句;
```

▼ **说明**：

多表视图和单表视图的语法没有任何区别，都是使用 create view 语句来实现的。

▶ 举例：

```
-- 创建视图
create view v1
as select staff.name, market.month, market.sales
   from staff
   inner join market
   on staff.sid = market.sid;

-- 查看视图
select * from v1;
```

运行结果如图 11-33 所示。

name	month	sales
杰克	3	255
杰克	4	182
汤姆	1	414
露西	5	278
露西	6	193
莉莉	10	430
玛丽	3	165
玛丽	5	327

图 11-33

▶ 分析：

多表视图与单表视图其实没什么不一样，两者保存的都是一条 select 语句。

11.6 本章练习

一、单选题

1. 在 MySQL 中，用于创建视图的语句是（   ）。
   A．create table   B．create index
   C．create view   D．create database
2. 在视图上不能完成的操作是（   ）。
   A．查询数据   B．更新数据
   C．在视图上创建新的表   D．在视图上创建新的视图
3. 在删除视图时，用于判断视图是否存在的关键字是（   ）。
   A．if exists   B．exists   C．as exists   D．is exists

4. 为了简化复杂的查询操作，而又不增加数据的存储空间，常用的方法是创建一个（　　）。
   A. 视图　　　　　　B. 索引　　　　　　C. 游标　　　　　　D. 另一个表
5. 下面关于创建视图的说法中，正确的是（　　）。
   A. 视图只能创建在单表上
   B. 创建视图时，with check option 是必需的
   C. 可以基于 2 个或 2 个以上的表中来创建视图
   D. 删除一个视图，会删除对应原表中的数据
6. 下面关于视图的说法中，正确的是（　　）。
   A. 通过视图可以插入数据、修改数据，但不能删除数据
   B. 视图也可以由视图派生
   C. 查询视图和查询表的语句是不一样的
   D. 视图是数据库用来存储数据的另一种形式的表

二、简答题

1. 请简述一下视图和表有什么区别和联系。
2. 请简述一下视图的作用。

三、编程题

请基于本书中的 product 表，写出下列每一个问题所对应的 SQL 语句。
（1）创建一个包含 name、price、rdate 这 3 列的视图，并命名为 product_v。
（2）查看 product_v 的创建代码。
（3）将 product_v 修改为包含 name、price 这两列的视图。
（4）删除 product_v 视图。

第 12 章 索引

12.1 索引简介

默认情况下，对于任何查询操作，数据库都是根据查询条件来进行全表扫描的，也就是从第一条数据一直扫描到最后一条数据，遇到符合条件的记录就会加入查询结果集中。数据表越大，查询所花费的时间就越多。对于大数据表来说，如果想要快速查询出想要的数据，怎么处理更好呢？这个时候可以使用索引来实现。

索引是建立在数据表中列上的一个数据库对象，在一个表中可以给一列或者多列设置索引。如果在查询数据时，使用了设置的索引列作为查询列，就会大大提高查询速度。可能小伙伴们就会问了："为什么给某一个字段设置索引，查询的速度就会变快呢？"

这是因为如果对该字段设置索引，查询的时候会先去索引列表中查询，而不是对整个表进行查询。索引列表是 B 类树的数据结果，查询时间复杂度为 $O(\log_2^n)$，定位到特定值的行会非常快，所以其查询速度就会非常快。

我们使用索引的目的就是提高特定数据的查询速度。SQL 索引在数据库优化中占有非常大的比例。一个好的索引设计，可以让查询效率提高几十甚至几百倍。

例如一个数据表中有 10 万行数据，现在要执行这样一个查询: select * from table where id=10000;。如果不使用索引，就必须从头开始遍历整个数据表，直到 id 等于 10000 的这一行被找到。但如果对 id 字段设置了索引，则 SQL 不需要遍历整个表，而是直接在索引里找到 10000，然后得到这一行的位置。你没有看错，索引可以直接定位到第 10000 行，而不需要从第 1 条记录开始扫描。

当然，如果只是像本书这种对 10 行以内的表进行操作，那么有没有索引都不会产生任何影响，因为数据量实在太小了！索引主要用于加快大数据的查询速度，小数据使用索引是没太大实际意义的。

12.2 创建索引

在 MySQL 中，我们可以使用 create index 语句来创建索引。需要注意的是，只能给表创建索引，而不能给视图创建索引。

▼ **语法**：

```
create index 索引名
on 表名(列名);
```

▼ **举例**：

```
create index name_index
on product(name);
```

运行结果如图 12-1 所示。

图 12-1

▼ **分析**：

当结果显示"OK"时，就说明成功创建了一个名为"name_index"的索引，该索引是针对 name 这一列来创建的。也就是说，当我们对 name 这一列进行查询时（比如下面的 SQL 语句），速度会比原来没有设置索引时快得多。

```
select name, price
from product;
where name in ('橡皮', '尺子', '铅笔');
```

常见问题

1. 针对某一列建立索引，可以提高该列的查询速度。那么是不是意味着给所有列都建立索引，这样更好呢？

虽然索引可以提高查询速度，但是过多地使用索引会降低 MySQL 本身的系统性能，主要包括以下两点。

- **过多的索引，会降低修改表数据的速度。**

  虽然索引可以提高查询速度，但是会降低修改表数据的速度。在修改表数据时，MySQL 会自动修改索引列的数据，这样是为了确保索引和表中的数据保持一致。

  如果表上建立的索引过多，会浪费在修改操作上花费的时间，因此会降低 insert、update、delete 等的效率。用一句话概括就是：表中建立的索引越多，那么修改表数据的时间就会越长。

- **过多的索引，会增加存储空间。**

  视图保存的是一条 select 语句，并不会保存具体数据。但是索引和视图不一样，索引会保存具体数据。也就是说，索引是需要使用额外的硬盘空间来存储的。如果表中建立太多的索引，就会占据大量的存储空间。

  从上面两点可以知道，索引只是提高查询速度的一种手段。如果存在大数据量的表，并且这些表的更新操作比较多，那么我们需要认真设计有意义的索引才行，而不是凭着喜欢去设计。

  2. 对于使用索引，有什么好的建议吗？

  在使用索引时，我们需要注意以下两个技巧。

- **数据量较小的表，最好不要建立索引。** 这是因为对于数据量较小的表来说，建立索引并不能将查询速度提高太多。
- **在有较多不同值的字段上建立索引。** 如果一个字段的值较少，比如 sex（性别）字段的值只有 "男" 和 "女"，在这类字段上建立索引不仅不会提高查询速度，反而会降低更新速度。

12.3 查看索引

在 MySQL 中，我们可以使用 show index 语句来查看索引的基本信息。

▼ **语法**：

```
show index from 表名;
```

▼ **说明**：

上面的语法表示显示某一个表中所有的索引。

▼ **举例**：

```
show index from product;
```

运行结果如图 12-2 所示。

Table	Non_unique	Key_name	Seq_in_index	Column_name	Collation	Cardinality
product	0	PRIMARY	1	id	A	10

图 12-2

▶ 分析：

上面例子使用代码的方式来查看索引，如果想要在 Navicat for MySQL 中查看索引，我们只需要执行以下两步即可。

① **打开表结构**：首先选中 product 表，然后单击鼠标右键并选择【设计表】，如图 12-3 所示。

图 12-3

② **查看索引**：打开表结构之后，在上方单击【索引】，就可以找到基于 product 表创建的所有索引，如图 12-4 所示。

图 12-4

> **数据库差异性**
>
> 对于查看索引，MySQL 使用的是 show index 语句，SQL Server 使用的是 sp_helpindex 语句，而 Oracle 使用的是 select 语句。
>
> ```
> -- MySQL
> show index from 表名;
>
> -- SQL Server
> sp_helpindex 表名;
>
> -- Oracle
> select * from user_indexes where table_name = '表名';
> ```

12.4 删除索引

在 MySQL 中，我们可以使用 drop index 语句来删除索引。

▼ **语法：**

```
drop index 索引名
on 表名;
```

▼ **举例：**

```
drop index name_index
on product;
```

运行结果如图 12-5 所示。

图 12-5

▼ **分析：**

当结果显示"OK"时，就表示成功删除了 product 表中的 name_index 索引。接着我们执行 show index from product;，可以看到 name_index 索引已经不存在了。

12.5 本章练习

单选题

1. 在 MySQL 中，不能对视图执行的操作是（   ）。
   - A. select
   - B. insert
   - C. update
   - D. create index
2. 我们给表建立索引的主要目的是（   ）。
   - A. 节省存储空间
   - B. 提高安全性
   - C. 提高查询速度
   - D. 提高更新速度
3. 索引可以加快数据的（   ）速度。
   - A. 插入
   - B. 查询
   - C. 更新
   - D. 以上都是

第 13 章 存储程序

13.1 存储程序简介

在实际开发中,有些 SQL 代码经常要重复使用,如果每次都手动输入,这样十分浪费时间和精力。有没有一种好的解决办法呢?实际上,我们可以使用 MySQL 中的存储程序。

存储程序其实是一个统称,根据调用方式的不同,它还可以分为存储例程、触发器、事件这 3 种。并且存储例程可以细分为存储过程、存储函数这两种。对于存储程序来说,它的结构如图 13-1 所示。

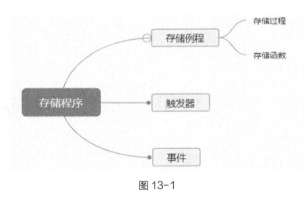

图 13-1

可能这里出现了很多从来没听过的术语,不过小伙伴们不用担心,大多数"可怕"的术语只是看起来"唬人",本身还是比较简单的。对于这些概念,我也会尽可能用一种通俗易懂的方式来给大家介绍。

13.2 存储过程

对于存储过程（stored procedure）来说，"存储（stored）"表示保存，"过程（procedure）"表示步骤。说白了，存储过程就是用来保存 SQL 代码的。

对于存储过程来说，我们主要学习以下 4 个方面的内容。
- 创建存储过程。
- 查看存储过程。
- 修改存储过程。
- 删除存储过程。

13.2.1 创建存储过程

在 MySQL 中，存储过程一般分为两种：一种是"不带参数的存储过程"，另一种是"带参数的存储过程"。

1. 不带参数的存储过程

在 MySQL 中，我们可以使用 create procedure 语句来创建存储过程。使用存储过程，可以提高代码的重用性、共享性和可移植性。

▼ **语法：**

```
create procedure 存储过程名()
begin
    ……
end;
```

▼ **说明：**

如果小伙伴们接触过其他编程语言（如 Java、C++ 等），就会发现 MySQL 中创建存储过程的语法与定义函数的语法是十分相似的。create procedure 部分类似于函数名的定义，而 begin…end 类似于函数体部分。

需要注意的是，在 begin…end 内部的每一条 SQL 语句都必须加上英文分号，因为 MySQL 是根据英文分号来识别是哪一条 SQL 语句的。此外，end 后面也应该加上英文分号，因为整个 create procedure 语句本身也是一条 SQL 语句，只不过这条 SQL 语句内部还有其他 SQL 语句而已。

▶ **举例**：

```
create procedure pr1()
begin
    select * from staff;
    select * from market;
end;
```

运行结果如图 13-2 所示。

图 13-2

▶ **分析**：

当结果显示为"OK"时，就说明成功创建了一个名为"pr1"的存储过程。在 Navicat for MySQL 的左侧选中【函数】之后，单击鼠标右键并选择【刷新】，可以看到刚刚创建的 pr1，如图 13-3 所示。

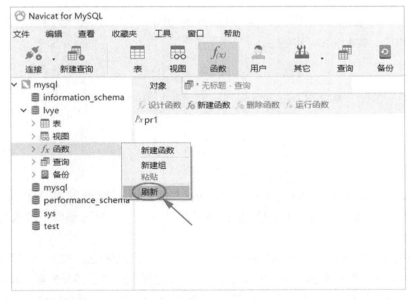

图 13-3

还有一种方式就是，我们单击上方的【函数】，也可以找到刚刚创建的 pr1，如图 13-4 所示。

图 13-4

上面例子只是创建了一个存储过程,也就是把一段代码保存到一个存储过程中。如果一个存储过程只有定义而没有调用,这样是没有意义的。在 MySQL 中,我们可以使用 call 关键字来调用一个存储过程,其语法如下。

```
call 存储过程名;
```

所谓的调用存储过程,也就是执行存储过程中保存的 SQL 语句。接下来执行 call pr1;,此时就会执行 pr1 中保存的那两条 select 语句,结果如图 13-5 和图 13-6 所示。

信息	结果 1	结果 1 (2)	剖析	状态
sid	name	sex	age	
A101	杰克	男	35	
A102	汤姆	男	21	
A103	露西	女	40	
A104	莉莉	女	32	
A105	玛丽	女	28	

图 13-5

信息	结果 1	结果 1 (2)	剖析	状态
sid	month	sales		
A101	3	255		
A101	4	182		
A102	1	414		
A103	5	278		
A103	6	193		
A104	10	430		
A105	3	165		
A105	5	327		

图 13-6

MySQL 中的存储过程就类似于其他编程语言（如 Python、Java 等）中的函数。对于其他编程语言中的函数来说，它包含"定义函数"和"调用函数"两部分。而对于 MySQL 中的存储过程来说，它也有类似的两部分。

- ▶ 定义存储过程。
- ▶ 调用存储过程。

这样一对比，就很好理解了。在接触一门新技术时，对比或类比是非常有用的一个学习手段，这样可以帮助我们更好地理解和记忆。

2. 带参数的存储过程

前文介绍的存储过程是不带参数的。和其他编程语言中的函数一样，MySQL 中的存储过程也是可以带参数的，它们的语法是类似的。

▼ **语法**：

```
create procedure 存储过程名(参数1 类型1, 参数2 类型2, ..., 参数n 类型n)
begin
    ……
end;
```

▼ **说明**：

存储过程的参数是可以省略的，当然也可以是 1 个、2 个或 n 个。如果是多个参数，则参数之间用英文逗号隔开。参数的个数取决于实际开发的需求。

此外，每一个参数后面都需要定义该参数的类型，否则会报错。

▼ **举例**：1 个参数

```
create procedure pr2(n float)
begin
    select name, price from product where price < n;
end;
```

运行结果如图 13-7 所示。

图 13-7

▼ **分析**：

当结果显示为"OK"时，就表示成功创建了一个名为"pr2"的存储过程。该存储过程有一个名为 n 的参数，该参数的类型是 float。然后 begin...end 内部就用到了参数 n。

```
select name, price from product where price < n;
```

上面这一句 SQL 代码表示查询 price 小于 n 的所有记录。接下来我们在调用存储过程时，需要传递一个实参（即具体的值）进去。

```
call pr2(10.0);
```

上面的 SQL 代码表示调用 pr2 这个存储过程，并传递 10.0 进去。此时就相当于执行了下面的 SQL 语句，其结果如图 13-8 所示。

```
select name, price from product where price < 10.0;
```

name	price
橡皮	2.5
尺子	1.2
铅笔	4.6

图 13-8

如果存储过程中的 SQL 语句比较复杂，我们可以对其进行换行处理，只需要保证每一条 SQL 语句的最后都有一个英文分号即可。对于上面这个例子来说，可以写成下面这样。

```
create procedure pr2(n float)
begin
    select name, price
    from product
    where price < n;
end;
```

▌举例：2 个参数

```
create procedure pr3(a float, b float)
begin
    select name, price
    from product
    where price between a and b;
end;
```

运行结果如图 13-9 所示。

```
> OK
> 时间: 0.03s
```

图 13-9

▶ **分析**：

当结果显示为"OK"时，就表示成功创建了一个名为"pr3"的存储过程。该存储过程有两个参数——a 和 b，这两个参数的类型都是 float。然后 begin...end 内部就用到了这两个参数。

```
select name, price
from product
where price between a and b;
```

上面这一句 SQL 代码表示查询 price 为 a ~ b 的所有记录。接下来我们在调用存储过程时，需要传递两个实参进去。

```
call pr3(10.0, 50.0);
```

上面的 SQL 代码表示调用 pr3 这个存储过程，并传递 10.0 和 50.0 进去。此时就相当于执行了下面的 SQL 语句，运行结果如图 13-10 所示。

```
select name, price
from product
where price between 10.0 and 50.0;
```

name	price
筷子	39.9
汤勺	12.5
短裤	39.9

图 13-10

3. 参数前缀

在 MySQL 中，存储过程在定义参数的时候，可以在参数前面加上一些前缀。其中，参数的前缀有以下 3 种。

- **in（默认）**：该参数的值是"只读取"的，它接收外部传递过来的值作为初始值。在内部修改该参数的值之后，不会影响外部变量的值，也就是对调用者不可见。
- **out**：该参数的值是"只输出"的，它不接收外部传递过来的值作为初始值，并且初始值始终是 NULL。在内部修改该参数的值之后，会影响外部变量的值，也就是对调用者可见。
- **inout**：同时拥有 in 和 out 的特点，也就是可以接收外部传递过来的值作为初始值，并且在内部修改该参数的值之后，也会影响外部变量的值。

▶ **举例**：in

```
create procedure pr_in (in n int)
begin
    -- 查看n的初始值
```

```
    select n;
    -- 修改n的值
    set n = 20;
    -- 查看修改后的值
    select n;
end;
```

运行结果如图 13-11 所示。

图 13-11

▶ **分析：**

在这个例子中，我们定义了一个名为"pr_in"的存储过程。该存储过程接收一个名为 n 的参数，该参数的前缀是 in。

接下来我们执行下面的代码，也就是在存储过程外部定义一个名为"@a"的变量，该变量的值为 10，然后把 @a 作为实参传递给 pr_in()。此时运行结果有 2 个，如图 13-12 和图 13-13 所示。

```
-- 定义变量
set @a = 10;

-- 调用存储过程
call pr_in(@a);
```

图 13-12

图 13-13

需要特别注意的是，对于用户自定义的变量，我们必须在变量名的前面加上"@"前缀，以表示这是用户自定义的变量，而不是系统自带的变量。

从上面可以看到，@a 的值被成功赋值给了 n，n 获得了一个初始值 10。并且我们在内部使用 set n=20;，可以看到 n 的最终值变成了 20。那么修改了 n 的值，会不会影响外部 @a 的值呢？

接着执行下面的代码，其结果如图 13-14 所示。可以清楚地看到，虽然 n 的值在内部被修改了，但是没有影响 @a 的值，@a 的值还是原来的 10。

```
select @a;
```

图 13-14

▶ 举例：out

```
create procedure pr_out (out n int)
begin
    -- 查看n的初始值
    select n;
    -- 修改n的值
    set n = 20;
    -- 查看修改后的值
    select n;
end;
```

运行结果如图 13-15 所示。

图 13-15

▶ 分析：

上面例子定义了一个名为"pr_out"的存储过程，该存储过程接收一个名为 n 的参数，该参数的前缀是 out。

接下来我们执行下面的代码，也就是在存储过程外部定义一个名为"@b"的变量，该变量的值为 10，然后把 @b 作为实参传递给 pr_out()。此时运行结果有 2 个，如图 13-16 和图 13-17 所示。

```
-- 定义变量
set @b = 10;

-- 调用存储过程
call pr_out(@b);
```

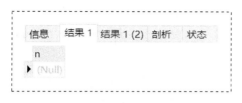   

图 13-16   图 13-17

可能小伙伴们会觉得很奇怪，为什么第一个结果是 NULL 呢？这是因为 out 类型的参数是一个非常"固执"的参数。它不接收任何外部传递过来的值，其初始值始终都是 NULL。所以对于 call pr_out(@b); 传递过来的值（10），并没有成功赋值给 n。

虽然 n 不接收 @b 的值，但是它们却建立了关联。我们执行下面的代码，可以看到 @b 的值变成了 20，如图 13-18 所示。也就是说，在内部修改了 n 的值，会影响外部 @b 的值。

```
select @b;
```

图 13-18

▼ 举例：inout

```
create procedure pr_inout (inout n int)
begin
    -- 查看n的初始值
    select n;
    -- 修改n的值
    set n = 20;
    -- 查看修改后的值
    select n;
end;
```

运行结果如图 13-19 所示。

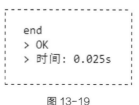

图 13-19

▶ 分析：

上面例子定义了一个名为"pr_inout"的存储过程，该存储过程接收一个名为 n 的参数，该参数的前缀是 inout。

接下来我们执行下面的代码，也就是在存储过程外部定义一个名为"@c"的变量，该变量的值为 10，然后把 @c 作为实参传递给 pr_inout()。此时运行结果有两个，如图 13-20 和图 13-21 所示。

```
-- 定义变量
set @c = 10;

-- 调用存储过程
call pr_inout(@c);
```

图 13-20   图 13-21

此时可以看到，@c 的值（10）被成功赋值给了 n，也就是说，inout 参数拥有 in 参数的特点，可以接收外部的值作为初始值。

然后我们执行下面的代码，其结果如图 13-22 所示。可以清楚地看到，在内部修改了 n 的值，会影响外部 @b 的值。也就是说，inout 参数拥有了 out 参数的特点，内部修改的值会直接反映到外部的变量中。

```
select @c;
```

图 13-22

▶ 举例：实际应用

```
create procedure pr_price (
    out max_price float,
    out min_price float,
    out avg_price float
)
```

```
begin
    select max(price), min(price), avg(price)
    from product
    into max_price, min_price, avg_price;
end;
```

运行结果如图 13-23 所示。

图 13-23

▼ **分析**：

在这个例子中，我们定义了一个名为"pr_price"的存储过程。pr_price 接收 3 个 out 类型的参数：max_price、min_price、avg_price。该存储过程的功能是：在内部获取最高售价、最低售价、平均售价，然后分别赋值给这 3 个 out 参数。

如果想要将查询的结果赋值给变量，我们可以使用 into 子句来实现。有多少个结果，就需要使用多少个变量来保存。需要注意的是，结果个数和变量个数应该相等，否则会有问题。

13.2.2 查看存储过程

在 MySQL 中，如果想要查看存储过程，我们有以下两种方式。
- show procedure status like
- show create procedure

1. show procedure status like

在 MySQL 中，我们可以使用 show procedure status like 语句来查看存储过程的基本信息。

▼ **语法**：

```
show procedure status like '存储过程名';
```

▼ **说明**：

这里的存储过程名需要使用英文单引号括起来。

▼ **举例**：

```
show procedure status like 'pr1';
```

运行结果如图 13-24 所示。

Db	Name	Type	Definer	Modified	Created
lvye	pr1	PROCEDURE	root@local	2022-04-18	2022-04-18

图 13-24

2. show create procedure

在 MySQL 中，我们可以使用 show create procedure 语句来查看存储过程的创建代码。

▌**语法**：

```
show create procedure 存储过程名;
```

▌**举例**：

```
show create procedure pr1;
```

运行结果如图 13-25 所示。

Procedure	sql_mode	Create Procedure	character_set_client	collation_connection
pr1	STRICT_TRANS_TA	CREATE DEFINER=`r	utf8mb4	utf8mb4_0900_ai_ci

图 13-25

13.2.3 修改存储过程

在 MySQL 中，我们可以使用 alter procedure 语句来修改存储过程。

▌**语法**：

```
alter procedure 存储过程名()
begin
    ……
end;
```

▌**说明**：

alter procedure 语句只能修改存储过程的特征，而不能修改存储过程的名字和内容。如果想要修改名字和内容，我们应该这样来处理：先使用 drop procedure 语句来删除该存储过程，然后使用 create procedure 语句创建一个新的存储过程来覆盖。

在实际开发中，一般情况下只会修改存储过程的名字或内容，而很少会去修改存储过程的特征。所以对于 alter procedure 语句，小伙伴们简单了解一下即可。

13.2.4 删除存储过程

在 MySQL 中,我们可以使用 drop procedure 语句来删除存储过程。

▼ **语法**:

```
drop procedure 存储过程名;
```

我们先来确认一下当前建立的存储过程都有哪些,如图 13-26 所示。

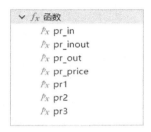

图 13-26

▼ **举例**:

```
drop procedure pr_price;
```

运行结果如图 13-27 所示。

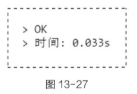

图 13-27

▼ **分析**:

当结果显示为"OK"时,就表示成功删除了 pr_price 这个存储过程。我们选中左侧的【函数】,单击鼠标右键并选择【刷新】,此时可以看到 pr_price 已经被删除了,如图 13-28 所示。

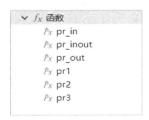

图 13-28

> **数据库差异性**
>
> 对于本节介绍的存储过程,以及后文介绍的存储函数、触发器、事件、游标等,不同 DBMS 的语法存在巨大的差异。如果全部展开介绍,内容会非常多且混乱,并不利于小伙伴们学习。所以在后面的章节中,我们只会关注 MySQL 的语法,而对于 SQL Server 和 Oracle 的语法,大家可以查阅一下对应的官方文档。

13.3 存储函数

存储函数和存储过程基本上是相同的,最大的不同在于:**存储过程在执行之后,可以返回值也可以不返回值;而存储函数在执行之后,必须返回一个值。**

从前文可以知道,MySQL 中有非常多的函数,只不过那些都是 MySQL 内置的函数。而使用存储函数可以让我们定义属于自己的函数,所以存储函数也叫作"自定义函数"。

对于存储函数来说,我们主要学习以下 6 个方面的内容。

- 创建存储函数。
- 查看存储函数。
- 修改存储函数。
- 删除存储函数。
- 变量的定义。
- 常用的语句。

13.3.1 创建存储函数

在 MySQL 中,我们可以使用 create function 语句来创建存储函数。

▼ **语法**:

```
create function 存储函数名(参数1 类型1, 参数2 类型2, ..., 参数n 类型n) returns 返回值类型
begin
    ……
    return 返回值;
end;
```

▼ **说明**:

和存储过程一样,我们需要在"()"内指定参数。参数可以是 0 个,也可以是 1 个、2 个或 n 个。

在使用存储函数之前，我们需要确认一下当前环境是否开启了允许使用存储函数的设置。执行下面的代码，默认情况下结果显示的是"OFF"（如图 13-29 所示），此时表示未开启。

```
-- 查看设置
show variables like 'log_bin_trust_function_creators';
```

Variable_name	Value
log_bin_trust_function_creators	OFF

图 13-29

接下来，我们需要执行下面的代码来开启设置。当结果显示的是"ON"（如图 13-30 所示）时，就表示开启了。

```
-- 开启设置
set global log_bin_trust_function_creators = 1;
```

```
-- 查看设置
show variables like 'log_bin_trust_function_creators';
```

Variable_name	Value
log_bin_trust_function_creators	ON

图 13-30

小伙伴们一定要记住，如果想要在 MySQL 中使用存储函数，一定要确认是否已经开启允许使用存储函数，否则会报错。

▼ **举例**：

```
create function fn1() returns float
begin
    declare a float;
    select avg(price) from product into a;
    return a;
end;
```

运行结果如图 13-31 所示。

```
> OK
> 时间: 0.067s
```

图 13-31

▶ **分析：**

当结果显示为"OK"时，就表示成功创建了一个名为"fn1"的存储函数。该函数返回值的类型是 float。在函数体中，我们使用 declare a float; 定义了一个名为"a"的变量，该变量的类型为 float。select avg(price) from product into a; 中的 into a 表示将查询结果保存到 a 变量中。最后我们使用 return a; 将 a 作为函数的返回值。

在 Navicat for MySQL 中，我们选中左侧的【函数】，单击鼠标右键并选择【刷新】，就可以看到刚刚创建的 fn1 了，如图 13-32 所示。

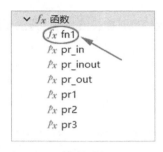

图 13-32

对于 Navicat for MySQL 来说，存储过程和存储函数都会放到【函数】中。只不过会在左边使用一个符号来标识，其中"px"表示这是一个存储过程，而"fx"表示这是一个存储函数。

从上面可以知道，fn1 这个存储函数会返回 price 的平均值，接下来我们可以使用 select 语句来显示这个平均值。执行下面的代码之后，结果如图 13-33 所示。

```
select fn1();
```

fn1()
39.76

图 13-33

存储过程必须使用 call 关键字才能调用。但是对于存储函数来说，我们可以直接调用，而不需要用到 call 关键字。此外，在存储函数内部，我们必须使用 return 来返回一个值，这一点和存储过程也是不一样的。

对于存储过程和存储函数，我们来总结一下它们的不同，主要有以下 4 个方面。

- ▶ **用途不同**：存储过程是一系列 SQL 语句的集合，它一般涉及表的各种操作；而存储函数一般不涉及表的操作，而是完成特定的功能（比如将字符串转换为小写）。
- ▶ **参数不同**：存储过程的参数类型有 in、out、inout；而存储函数的参数类型类似于 in 参数。
- ▶ **返回值不同**：存储过程可以不返回值，也可以输出一个或多个结果集（注意这是集合）；而存储函数必须有返回值且只能返回一个值（这是标量值，而不能是集合）。

- **调用方式不同**：存储过程需要使用 call 关键字来调用；而存储函数一般在 SQL 语句中调用（类似于内置函数）。

13.3.2 查看存储函数

和存储过程一样，如果想要在 MySQL 中查看存储函数，也有类似的两种方式。
- show function status like
- show create function

1. show function status like

在 MySQL 中，我们可以使用 show function status like 语句来查看存储函数的基本信息。

▼ **语法**：

```
show function status like '存储函数名';
```

▼ **说明**：

这里的存储函数名需要使用英文单引号括起来。

▼ **举例**：

```
show function status like 'fn1';
```

运行结果如图 13-34 所示。

Db	Name	Type	Definer	Modified	Created
lvye	fn1	FUNCTION	root@local	2022-04-18	2022-04-18

图 13-34

2. show create function

在 MySQL 中，我们可以使用 show create function 语句来查看存储函数的创建代码。

▼ **语法**：

```
show create function 存储函数名;
```

▼ **举例**：

```
show create function fn1;
```

运行结果如图 13-35 所示。

Function	sql_mode	Create Function	character_set_client	collation_connecti
fn1	STRICT_TRANS_TA	CREATE DEFINER=`ro	utf8mb4	utf8mb4_0900_ai_

图 13-35

13.3.3 修改存储函数

在 MySQL 中，我们可以使用 alter function 语句来修改存储函数。

▶ **语法：**

```
alter function 存储函数名()
begin
    ……
end;
```

▶ **说明：**

和 alter procedure 语句一样，alter function 语句只能修改存储函数的特征，而不能修改存储函数的名字和内容。如果想要修改名字和内容，我们应该这样来处理：先使用 drop function 语句来删除该存储函数，然后使用 create function 语句创建一个新的存储函数来覆盖。

在实际开发中，一般情况下都是修改存储函数的名字或内容，而很少会去修改存储函数的特征。所以对于 alter function 语句，小伙伴们简单了解一下即可。

13.3.4 删除存储函数

在 MySQL 中，我们可以使用 drop function 语句来删除存储函数。

▶ **语法：**

```
drop function 存储函数名;
```

▶ **举例：**

```
drop function fn1;
```

运行结果如图 13-36 所示。

```
> OK
> 时间: 0.011s
```

图 13-36

▼ 分析：

当结果显示为"OK"时，就表示成功删除了名为 fn1 的存储函数。我们在 Navicat for MySQL 中刷新一下左侧的【函数】，可以发现 fn1 已经被删除了，如图 13-37 所示。

图 13-37

13.3.5 变量的定义

在学习存储过程和存储函数时，小伙伴们已经接触了变量的使用，接下来系统地给大家介绍，这样可以让知识体系更加完整。

在 MySQL 中，对于变量的定义，我们分为两种情况：一种是"全局变量"，另一种是"局部变量"。

1. 全局变量

在 MySQL 中，我们可以使用 set 关键字来定义全局变量。对于全局变量来说，我们不需要声明就可以使用它。

▼ 语法：

set @变量名=值;

▼ 说明：

对于全局变量来说，必须在变量名的前面加上"@"前缀。

▼ 举例：

```
-- 定义全局变量
set @m = 666;

-- 在存储过程外部访问@m
select @m;
```

```
-- 定义存储过程
create procedure pr_global()
begin
    -- 在存储过程内部访问@m
    select @m;
end;

-- 调用存储过程
call pr_global();
```

运行结果有两个，如图 13-38 和图 13-39 所示。

图 13-38

图 13-39

▶ 分析：

从结果可以看出，我们在存储过程的内部和外部都可以访问全局变量的值。

2. 局部变量

在 MySQL 中，我们也是使用 set 关键字来定义局部变量的。和全局变量不同，我们必须先使用 declare 关键字声明局部变量，然后才能使用它。

▶ 语法：

```
-- 声明变量
declare 变量名 类型;

-- 初始化值
set 变量名 = 值;
```

▶ 说明：

对于局部变量来说，我们不需要也不能在变量名的前面加上"@"前缀。

▶ 举例：

```
-- 定义存储过程
create procedure pr_local()
begin
    -- 声明变量
    declare n int;
```

```
    -- 初始化值
    set n = 888;
    -- 在存储过程内部访问n
    select n;
end;

-- 调用存储过程
call pr_local();

-- 在存储过程外部访问n
select n;
```

运行结果只有一个，如图 13-40 所示。

图 13-40

▶ 分析：

我们也可以单独执行 select n;，运行结果如图 13-41 所示。从这个例子可以看出，存储过程内部定义的变量只能在内部访问，而无法在外部访问。

```
> 1054 - Unknown column 'n' in 'field list'
> 时间: 0s
```

图 13-41

13.3.6 常用的语句

对于存储过程或存储函数来说，begin...end 相当于函数体部分。在这个函数体中，我们可以使用以下两种语句。

▶ 判断语句
▶ 循环语句

这两种语句和其他编程语言中的语句是相似的，小伙伴们可以多多对比一下，这样可以更好地去理解。

1. 判断语句

在 MySQL 中，我们可以使用 if...then... 语句来实现条件的判断。

▼ 语法：

```
if 判断条件 then
    ……
end if;
```

▼ 说明：

上面这种语法实现的是单向选择，如果想要实现双向选择，则可以使用下面的语法，也就是多了 else 部分。

```
-- 双向选择
if 判断条件 then
    ……
else
    ……
end if;
```

如果是多向选择，则可以使用下面的语法，也就是多了 elseif 部分。当然，这里可以使用多个 elseif。

```
-- 多向选择
if 判断条件 then
    ……
elseif 判断条件 then
    ……
else
    语句列表;
end if;
```

▼ 举例：单向选择

```
-- 定义
create function fn_assess(score int) returns varchar(10)
begin
    declare result varchar(10);
    if score >= 60 then
        set result = '通过';
    end if;
    return result;
end;

-- 调用
select fn_assess(100) as 考试结果;
```

运行结果如图 13-42 所示。

考试结果
通过

图 13-42

▶ **分析：**

在这个例子中，我们定义了一个名为"fn_assess"的存储函数，它接收一个 int 类型的参数 score，并且返回值的类型是 varchar。

这个例子中的判断语句实现的是单向选择。接着我们执行 drop function fn_assess; 把刚刚创建的 fn_assess 删除，然后来创建一个实现双向选择的例子。请看下面的例子。

▶ **举例：双向选择**

```
-- 定义
create function fn_assess(score int) returns varchar(10)
begin
    declare result varchar(10);
    if score >= 60 then
        set result = '通过';
    else
        set result = '补考';
    end if;
    return result;
end;

-- 调用
select fn_assess(59) as 考试结果;
```

运行结果如图 13-43 所示。

考试结果
补考

图 13-43

▶ **分析：**

由于 59 小于 60，所以这里执行的是 else 部分，result 最终的值是"补考"。这个例子中的判断语句实现的是双向选择。接着我们执行 drop function fn_assess; 把 fn_assess 删除，然后来创建一个实现多向选择的例子。请看下面的例子。

举例：多向选择

```sql
-- 定义
create function fn_assess(score int) returns varchar(10)
begin
    declare result varchar(10);
    if score < 60 then
        set result = '补考';
    elseif score >= 60 and score < 80 then
        set result = '及格';
    elseif score >= 80 and score < 90 then
        set result = '良好';
    else
        set result = '优秀';
    end if;
    return result;
end;

-- 调用
select fn_assess(90) as 考试结果;
```

运行结果如图 13-44 所示。

图 13-44

2. 循环语句

除了判断语句之外，MySQL 还支持循环语句。其中，循环语句有 3 种：while 语句、repeat 语句和 loop 语句。

（1）while 语句

在 MySQL 中，while 语句是最常用的一种循环语句。

▌ 语法：

```
while 判断条件 do
    ……
end while;
```

▌ 说明：

如果判断条件为真，就会一直执行 while 内部的语句。一旦判断条件为假，就会退出 while 循环。

▶ 举例：1+2+3+…+n

```
-- 定义
create function fn_sum(n int) returns int
begin
    declare sum int default 0;
    declare i int default 1;
    while i <= n do
        set sum = sum + i;
        set i = i + 1;
    end while;
    return sum;
end;

-- 调用
select fn_sum(10) as 累加结果;
```

运行结果如图 13-45 所示。

累加结果
55

图 13-45

▶ 举例：

fn_sum 存储函数的功能是：计算 1+2+3+…+n 的和。为了方便测试后面的例子，我们需要执行 drop function fn_sum; 把 fn_sum 删除。

（2）repeat 语句

在 MySQL 中，除了 while 语句，我们还可以使用 repeat...until 语句来实现循环。

▶ 语法：

```
repeat
    ……
until 表达式 end repeat;
```

▶ 说明：

repeat...until 语句首先是无条件执行循环体一次，然后判断是否符合条件。如果符合条件，则重复执行循环体；如果不符合条件，则退出循环。

repeat...until 语句与 while 语句是非常相似的，并且任意一个都可以转换成等价的另外一个。

▶ 举例：1+2+3+…+n

```
-- 定义
create function fn_sum(n int) returns int
```

```
begin
    declare sum int default 0;
    declare i int default 1;
    repeat
        set sum = sum + i;
        set i = i + 1;
    until i > n end repeat;
    return sum;
end;

-- 调用
select fn_sum(10) as 累加结果;
```

运行结果如图 13-46 所示。

累加结果
55

图 13-46

▶ **分析**：

为了方便后面例子的测试，我们需要执行 drop function fn_sum; 把 fn_sum 删除。

（3）loop 语句

除了 while 和 repeat...until 这两种语句之外，我们还可以使用 loop 语句来实现循环。

▶ **语法**：

```
loop
    ......
end loop;
```

▶ **说明**：

需要注意的是，loop 语句比较特别，它的循环终止条件需要写在循环体中。

▶ **举例**：

```
-- 定义
create function fn_sum(n int) returns int
begin
    declare sum int default 0;
    declare i int default 1;
    loop
        if i > n then
            return sum;
        end if;
        set sum = sum + i;
```

```
        set i = i + 1;
    end loop;
end;

-- 调用
select fn_sum(10) as 累加结果;
```

运行结果如图 13-47 所示。

累加结果
55

图 13-47

13.4 触发器

在实际开发中，可能会碰到这样一个场景：当对某个表进行删除操作时，就把删除的记录添加到另一个表中。像这种一旦进行删除就执行某些操作的场景，我们可以使用触发器来实现。

在 MySQL 中，触发器（trigger）指的是对表执行某一个操作时，会触发执行其他操作命令的一种机制。触发器会在对表进行 insert、update 和 delete 操作的时候被触发。对于一个触发器来说，它被触发的时机可以分为以下两种。

- before：在对表进行操作之前触发。
- after：在对表进行操作之后触发。

在执行 insert、update 和 delete 这些操作之前的列值可以使用"old.列名"来获取，而执行这些操作之后的列值可以使用"new.列名"来获取，如表 13-1 所示。

表 13-1 获取值的方式

方　式	说　明
old. 列名	获取对表操作之前的列值
new. 列名	获取对表操作之后的列值

但是，根据命令的不同，有些列值可以获取，有些列值是不能获取的。在表 13-2 中，"√"表示可以获取，"×"表示不可以获取。

表 13-2 是否可以获取列值

操　作	执 行 前	执 行 后
insert	×	√
delete	√	×
update	√	√

表 13-2 其实是很好理解的。对于 insert 操作来说，被插入的数据一开始是不存在于表中的，所以我们无法使用"old. 列名"来获取。但是数据插入表之后，此时该数据已经存在于表中了，所以我们可以使用"new. 列名"来获取。

对于 delete 操作来说，被删除的数据一开始是存在于表中的，所以我们可以使用"old. 列名"来获取。但是数据被删除了之后，此时该数据已经不存在于表中了，所以我们无法使用"new. 列名"来获取。

对于 update 操作来说，update 只会对已有记录进行更新，所以我们可以获取执行前后的数据。也就是可以使用"old. 列名"来获取更新前的数据，也可以使用"new. 列名"来获取更新后的数据。

实际上，触发器是一种特殊的存储过程，它和一般的存储过程的区别在于：**一般的存储过程是通过 call 关键字来调用执行的，而触发器是通过事件触发来执行的。**

13.4.1 创建触发器

在 MySQL 中，我们可以使用 create trigger 语句来创建触发器。

▶ **语法**：

```
create trigger 触发器名 before 操作名
on 表名 for each row
begin
    ……
end;
```

▶ **说明**：

其中，before 可以换成 after。如果是 before，则表示在操作之前触发；如果是 after，则表示在操作之后触发。上面语法的"操作名"可以是这 3 种：insert、update、delete。

接下来创建一个名为"staff_backup"的表，该表的结构和 staff 表的结构是一样的，如表 13-3 所示。

表 13-3　staff_backup 表的结构

列　名	类　型	长　度	允许 NULL	是否主键	注　释
sid	char	5	×	√	工号
name	varchar	10	√	×	姓名
sex	char	5	√	×	性别
age	int		√	×	年龄

对于 staff_backup 表，除了可以在 Navicat for MySQL 中手动创建，也可以使用 create table...like... 语句来创建，也就是执行下面的 SQL 语句。

```
create table staff_backup
like staff;
```

接着我们确认一下 staff 表的数据，如图 13-48 所示。然后在每次对 staff 表进行删除操作之前，都把即将被删除的记录插入 staff_backup 表中。

sid	name	sex	age
A101	杰克	男	35
A102	汤姆	男	21
A103	露西	女	40
A104	莉莉	女	32
A105	玛丽	女	28

图 13-48

▶ 举例：

```
create trigger tr1 before delete
on staff for each row
begin
    insert into staff_backup
    values (old.sid, old.name, old.sex, old.age);
end;
```

运行结果如图 13-49 所示。

图 13-49

▶ 分析：

在这个例子中，我们创建了一个名为 "tr1" 的触发器。接下来执行下面的 SQL 代码，此时可以看到 sid='A105' 这条记录已经被删除了，如图 13-50 所示。

```
-- 删除记录
delete from staff where sid = 'A105';

-- 查看表
select * from staff;
```

sid	name	sex	age
A101	杰克	男	35
A102	汤姆	男	21
A103	露西	女	40
A104	莉莉	女	32

图 13-50

然后我们执行 select * from staff_backup;，可以看到删除的记录被插入 staff_backup 表中，如图 13-51 所示。

sid	name	sex	age
A105	玛丽	女	28

图 13-51

上面的例子其实是在 staff 表中创建了一个触发器。那么怎样在 Navicat for MySQL 中查看一个表都有哪些触发器呢？首先选中 staff 表，单击鼠标右键并选择【设计表】来打开 staff 表的结构，如图 13-52 所示。

图 13-52

打开了 staff 表的结构之后，在上方单击【触发器】，就可以找到基于 staff 表创建的所有触发器，如图 13-53 所示。

图 13-53

实际上，MySQL 中的触发器主要用于保护表中的数据。当有操作影响到触发器保护的数据时，触发器就会自动执行，从而保证数据的完整性以及多个表之间数据的一致性。了解这一点，对于我们理解触发器是非常重要的。

对于触发器来说，小伙伴们还需要清楚以下两点。
- 触发器是基于一个表创建的，不过它可以用于操作多个表。
- 同一张表、同一触发事件、同一触发时机只能创建一个触发器。

13.4.2 查看触发器

在 MySQL 中，我们可以使用 show triggers 语句来查看当前创建的触发器都有哪些。

▼ **语法**：

```
show triggers;
```

▼ **说明**：

show triggers 会把所有的触发器都列举出来，如果只想查看某一个表都有哪些触发器，我们可以使用下面的语法。

```
show triggers from 库名
where `table` = '表名';
```

▼ **举例**：

```
show triggers;
```

运行结果如图 13-54 所示。

Trigger	Event	Table	Statement	Timing	Created
tr1	DELETE	staff	begin inse	BEFORE	2022-04-18

图 13-54

13.4.3 删除触发器

在 MySQL 中，我们可以使用 drop trigger 语句来删除某一个触发器。

▼ **语法：**

```
drop trigger 触发器名；
```

▼ **举例：**

```
drop trigger tr1;
```

运行结果如图 13-55 所示。

图 13-55

▼ **分析：**

当结果显示为"OK"时，就表示成功删除了 tr1 这个触发器。我们执行 show triggers;，会发现 tr1 已经不存在了。

最后需要清楚的是，MySQL 并没有类似 alter trigger 这样的语句，因此不能像修改表、视图或存储过程那样去修改触发器。如果想要修改一个已经存在的触发器，我们可以先删除该触发器，再创建一个同名的触发器即可。

13.5 事件

在实际开发中，有时我们想让 MySQL 服务器在"某个时间点"或者"每隔一段时间"自动去执行一些操作，应该怎么办呢？此时可以使用事件（event）来实现。

在 MySQL 中，关于事件的操作包含以下 4 个方面。

- ▶ **创建事件。**
- ▶ **查看事件。**
- ▶ **修改事件。**
- ▶ **删除事件。**

13.5.1 创建事件

在 MySQL 中，我们可以使用 create event 语句来创建事件。对于事件来说，需要分为两种情况。

- 在某个时间点执行。
- 每隔一段时间执行。

1. 在某个时间点执行

在 MySQL 中，如果想要在某个时间点执行某些操作，其语法如下。

```
create event 事件名
on schedule at 某个时间点
do
begin
    ……
end;
```

▌ 举例：

```
create event ev1
on schedule at '2023-05-20 13:14:30'
do
begin
    insert into employee(id, name, sex, age, title)
    values(6, '露西', '女', 22, '产品经理');
end;
```

运行结果如图 13-56 所示。

```
> Affected rows: 0
> 时间: 0.019s
```

图 13-56

▌ 分析：

上面例子创建了一个名为"ev1"的事件，该事件实现的功能是：在"2023-05-20 13:14:30"这个时间点往 employee 表中插入一条数据。创建好事件之后，我们就可以不用管了。到了指定的时间，MySQL 服务器就会自动执行。

如果想要在 Navicat for MySQL 中查看所有创建的事件，我们可以在上方单击【其它】（"它"同"他"），然后在下拉菜单中选择【事件】即可，如图 13-57 所示。

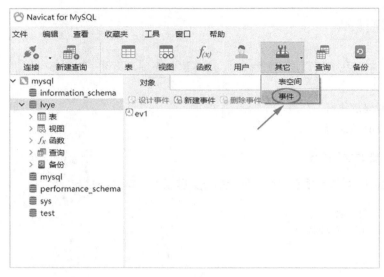

图 13-57

2. 每隔一段时间执行

在 MySQL 中，如果想要每隔一段时间执行某些操作，其语法如下。

```
create event 事件名
on schedule every 事件间隔
do
begin
    ……
end;
```

▼ **举例**：

```
create event ev2
on schedule every 10 minute
do
begin
    select * from employee;
end;
```

运行结果如图 13-58 所示。

```
> Affected rows: 0
> 时间: 0.03s
```

图 13-58

▶ 分析：

上面例子创建了一个名为"ev2"的事件，该事件实现的功能是：每隔 10 分钟就查询一次 employee 表。

every 10 minute 表示每隔 10 分钟执行一次相同的操作。minute 是时间单位，常用的时间单位如表 13-4 所示。

表 13-4 时间单位

单　位	说　明
year	年
month	月
day	日
hour	时
minute	分
second	秒
week	周
quarter	季度

13.5.2　查看事件

在 MySQL 中，如果想要查看所创建的事件，我们有以下两种方式。

- show events
- show create event

1. show events

在 MySQL 中，我们可以使用 show events 语句来查看数据库中都有哪些事件。

▶ 语法：

```
show events;
```

▶ 举例：

```
show events;
```

运行结果如图 13-59 所示。

Db	Name	Definer	Time zone	Type	Execute at
lvye	ev1	root@localh	SYSTEM	ONE TIME	2023-05-20
lvye	ev2	root@localh	SYSTEM	RECURRING	(Null)

图 13-59

2. show create event

在 MySQL 中，我们可以使用 show create event 语句来查看事件的创建代码。

▌**语法**：

```
show create event 事件名;
```

▌**举例**：

```
show create event ev1;
```

运行结果如图 13-60 所示。

Event	sql_mode	time_zone	Create Event	character_set_client	collation_connection
ev1	STRICT_TRANS	SYSTEM	CREATE DEFINE	utf8mb4	utf8mb4_0900_ai_ci

图 13-60

13.5.3 修改事件

在 MySQL 中，我们可以使用 alter event 语句来修改事件。

▌**语法**：

```
alter event 事件名
……;
```

▌**说明**：

alter event 语句和 create event 语句是相似的。需要注意的是，如果一个事件最后一次被调用后，它是无法被修改的，因为此时它已经不存在了。

▌**举例：修改时间**

```
alter event ev1
on schedule at '2023-11-11 11:11:11';
```

运行结果如图 13-61 所示。

```
> OK
> 时间：0.01s
```

图 13-61

▶ **分析**：

这个例子表示将 ev1 事件中的时间由原来的"2023-05-20 13:14:30"修改为"2023-11-11 11:11:11"。注意这里是不需要加上后面的 do 部分的，如果写成下面这样则会报错。

```
-- 错误方式
alter event ev1
on schedule at '2022-11-11 11:11:11'
do
begin
    insert into employee(id, name, sex, age, title)
    values(6, '露西', '女', 22, '产品经理');
end;
```

▶ **举例：修改主体**

```
alter event ev1
do
    insert into employee(id, name, sex, age, title)
    values(7, '杰克', '男', 25, 'Android工程师');
```

运行结果如图 13-62 所示。

```
> OK
> 时间: 0.011s
```

图 13-62

▶ **分析**：

如果想要修改事件的主体代码，我们不能加上"begin"和"end"这两个关键字。对于这个例子来说，如果写成下面这样就是错的。

```
-- 错误方式
alter event ev1
do
begin
    insert into employee(id, name, sex, age, title)
    values(7, '杰克', '男', 25, 'Android工程师');
end;
```

对于修改事件来说，我们还可以进行其他 3 种修改：①修改事件名；②关闭事件；③开启事件。

▼ 举例：修改事件名

```
alter event ev1
rename to ev_test;
```

运行结果如图 13-63 所示。

图 13-63

▼ 分析：

这个例子表示将事件 "ev1" 的名字修改为 "ev_test"。为了方便后面内容的学习，我们需要执行下面的 SQL 语句来将事件名还原为 "ev1"。

```
alter event ev_test
rename to ev1;
```

▼ 举例：关闭事件

```
alter event ev1 disable;
```

运行结果如图 13-64 所示。

图 13-64

▼ 分析：

末尾加上一个 "disable"，表示关闭 ev1 这个事件。这样即使时间到了，ev1 也不会再执行了。

▼ 举例：开启事件

```
alter event ev1 enable;
```

运行结果如图 13-65 所示。

> OK
> 时间: 0.026s

图 13-65

▶ **分析**：

末尾加上一个"enable"，表示开启 ev1 这个事件。

13.5.4 删除事件

在 MySQL 中，我们可以使用 drop event 语句来删除事件。

▶ **语法**：

```
drop event 事件名;
```

▶ **举例**：

```
drop event ev1;
```

运行结果如图 13-66 所示。

图 13-66

▶ **分析**：

当结果显示为"OK"时，说明成功删除了 ev1 这个事件。我们在 Navicat for MySQL 中查看，可以看到 ev1 已经不存在了，如图 13-67 所示。

图 13-67

13.6 本章练习

一、单选题

1. 如果想要调用一个名为 pr 的存储过程，我们应该使用（　　）。
   A. pr();　　　　　B. call pr();　　　　C. do pr();　　　　D. show pr();
2. 如果想要删除一个名为 pr 的存储过程，我们应该使用（　　）。
   A. drop proc pr;　　　　　　　　　B. drop function pr;
   C. drop procedure pr;　　　　　　D. delete procedure pr;
3. 如果想要查看数据库中都有哪些触发器，我们可以使用（　　）。
   A. show trigger　　　　　　　　　B. show triggers
   C. select triggers　　　　　　　　D. display triggers
4. 对表进行哪一个操作时，不会触发触发器？（　　）
   A. select　　　　B. insert　　　　C. update　　　　D. delete
5. 如果某数据库在非工作时间（每天 8:00 之前、18:00 之后以及周六、周日）不允许用户插入数据，下面哪一种方式实现最为合理？（　　）
   A. 存储过程　　　B. before 触发器　　C. 存储函数　　　D. after 触发器
6. 下面关于触发器的说法中，正确的是（　　）。
   A. 在一个表上只能创建一个触发器
   B. 在一个表上针对同一个数据操作只能创建一个 before 触发器
   C. 用户可以调用触发器
   D. 可以使用 alter trigger 语句来修改一个触发器

二、简答题

请简述一下存储过程和存储函数有什么区别？

三、编程题

1. 定义一个不带参数的存储过程 pr，查询 product 表中不同 type 商品的平均售价，并且调用该存储过程。
2. 定义一个带参数的存储过程 pr，其参数名为 ptype。也就是输入商品类型，然后查询该类型最高售价的商品基本信息。并且调用该存储过程，输入参数的值为"衣服"。

第 14 章 游标

14.1 创建游标

在 MySQL 中,如果想要一行一行地处理数据,我们可以使用游标(cursor)来实现。游标具有逐行处理、提取速度快等特点,在实际应用中使用游标可以很方便地对数据进行操作。

如果想要使用游标,我们一般需要执行以下 4 个步骤。
- 创建游标。
- 打开游标。
- 获取数据。
- 关闭游标。

▼ **语法**:

```
-- ①创建游标
declare 游标名 cursor for 查询语句;

-- ②打开游标
open 游标名;

-- ③获取数据
fetch 游标名 into 变量1, 变量2, ..., 变量n;

-- ④关闭游标
close 游标名;
```

▼ **说明**:

和多数的 DBMS(如 SQL Server、Oracle 等)不一样,MySQL 的游标只能在存储过程或存储函数中使用，而不能直接在其他地方使用。也就是说，我们应该把游标的使用封装到存储过程或存储函数中。

本节都是基于 product 表来操作的，首先确认一下 product 表中的数据是怎样的，如图 14-1 所示。

id	name	type	city	price	rdate
1	橡皮	文具	广州	2.5	2022-03-19
2	尺子	文具	杭州	1.2	2022-01-21
3	铅笔	文具	杭州	4.6	2022-05-01
4	筷子	餐具	广州	39.9	2022-05-27
5	汤勺	餐具	杭州	12.5	2022-07-05
6	盘子	餐具	广州	89.0	2022-12-12
7	衬衫	衣服	广州	69.0	2022-08-11
8	裙子	衣服	杭州	60.0	2022-06-18
9	夹克	衣服	广州	79.0	2022-09-01
10	短裤	衣服	杭州	39.9	2022-10-24

图 14-1

▌ 举例：基本使用

```sql
-- 定义存储过程
create procedure pr_cursor1()
begin
    declare pname varchar(10);
    declare pprice float;

    -- ①创建游标
    declare cur_product cursor for select name, price from product;

    -- ②打开游标
    open cur_product;

    -- ③取出当前记录的数据，赋值给变量
    fetch cur_product into pname, pprice;
    -- 查看数据
    select pname, pprice;

    -- ④关闭游标
    close cur_product;
end;

-- 调用存储过程
call pr_cursor1();
```

运行结果如图 14-2 所示。

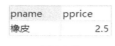

图 14-2

▼ 分析：

在这个例子中，我们定义了一个名为"pr_cursor1"的存储过程。这里其实是把游标的使用封装到 pr_cursor1 中。

```
-- ①创建游标
declare cur_product cursor for select name, price from product;
```

在使用游标之前，必须先声明（定义）它。这个过程实际上还没有开始查询数据，只是定义要使用的 select 语句。

```
-- ②打开游标
open cur_product;
```

声明游标之后，必须先使用 open 语句打开该游标，然后才能使用。这个过程实际上是将游标连接到 select 语句返回的结果集中。

```
-- ③取出当前记录的数据，赋值给变量
fetch cur_product into pname, pprice;
-- 查看数据
select pname, pprice;
```

打开游标之后，我们可以使用 fetch...into... 语句来从游标中取出数据，然后保存到变量中。从这一点可以看出，游标保存的是 select 语句的查询结果集。

fetch...into... 语句和 select...into... 语句是相似的，其中 select...into... 语句用于从表中取出数据存放到变量中，而 fetch...into... 语句则用于从游标中取出数据存放到变量中。

```
-- ④关闭游标
close cur_product;
```

因为游标保存的是 select 的查询结果，所以它需要占用一定的存储空间。当游标不再被需要时，我们应该使用 close 语句来关闭该游标。关闭游标，可以释放结果集所占用的空间，不然随着游标越来越多，会占用大量的存储空间。

在一个游标被关闭后，如果没有重新被打开，则不能被使用。对于已经声明过的游标，不需要再次声明，可以直接使用 open 语句打开使用。

可能小伙伴们会觉得很奇怪，这个例子的结果应该有 10 条记录才对，为什么这里只取出了一条记录呢？这是因为游标每次只会取出一条记录，如果结果有多条记录，那么它只会取出第 1 条记录。

如果想要把每一条记录都取出来，我们需要把 fetch 语句放到循环语句中才行。接下来尝试修改一下代码，请看下面的例子。

▶ 举例：获取所有记录

```sql
-- 定义存储过程
create procedure pr_cursor2()
begin
    declare pname varchar(20);
    declare pprice float;
    declare i int default 0;
    declare total int;

    -- 创建游标
    declare cur_product cursor for select name, price from product;

    -- 初始化total的值
    select count(*) from product into total;

    -- 打开游标
    open cur_product;

    -- 循环取出
    while i < total do
        -- 取出当前记录
        fetch cur_product into pname, pprice;
        -- 查看当前记录
        select pname, pprice;
        -- i递增
        set i = i + 1;
    end while;

    -- 关闭游标
    close cur_product;
end;

-- 调用存储过程
call pr_cursor2();
```

运行结果如图 14-3 所示。

信息	结果1	结果1(2)	结果1(3)	结果1(4)	结果1(5)	结果1(6)	结果1(7)	结果1(8)	结果1(9)	结果1(10)
pname	pprice									
▶橡皮	2.5									

图 14-3

▼ 分析：

在这个例子中，我们多定义了两个变量：i 和 total。其中 i 表示当前游标所在记录的行数，total 表示记录的个数（也就是有多少条记录）。然后使用 while 循环把全部记录都遍历出来。

小伙伴们可以思考一个问题：如果查询结果有多条记录，而我们只想要第 n 条记录，应该怎么实现呢？像这种需求，使用游标就很容易实现。请看下面的例子。

▼ 举例：

```
-- 定义存储过程
create procedure pr_cursor3(n int)
begin
    declare pname varchar(20);
    declare pprice float;
    declare i int default 0;
    declare total int;

    -- 创建游标
    declare cur_product cursor for select name, price from product;

    -- 初始化total的值
    select count(*) from product into total;

    -- 打开游标
    open cur_product;

    -- 循环取出
    while i < total do
        -- 取出当前记录
        fetch cur_product into pname, pprice;
        if i = n - 1 then
            -- 拿到第n条记录
            select pname, pprice;
        end if;
        -- i递增
        set i = i + 1;
    end while;

    -- 关闭游标
    close cur_product;
end;

-- 调用存储过程
call pr_cursor3(5);
```

运行结果如图 14-4 所示。

pname	pprice
汤勺	12.5

图 14-4

▶ **分析：**

在这个例子中，我们定义了一个名为"pr_cursor3"的存储过程，它接收一个参数 n。该存储过程的功能是：使用游标的方式，来获取结果中的第 n 条记录。

最后来总结一下游标的使用，主要包含以下 3 点。

▶ 游标只能在存储过程或存储函数中使用，而不能单独在其他地方使用。
▶ 在一个存储过程或一个存储函数中，可以定义多个游标，但是每一个游标的名字必须是唯一的。
▶ 游标并不是一条 select 语句，而是被 select 语句查询出来的结果集。

常见问题

对于游标来说，它在实际开发中究竟有什么作用呢？

几乎所有的 DBMS（如 MySQL、SQL Server、Oracle 等），都有游标这个概念。其实我们都知道 SQL 是面向"集合"的，执行 SQL 语句基本都是在对一个"集合"进行操作。但是有些功能要求一条一条记录地进行处理，使用常规的 SQL 语法是实现不了的，所以才有了游标的概念。游标每次只处理一条记录。

游标提供了逐行处理的能力，我们可以把游标当作指针，它可以指定结果中的任何位置，然后我们可以对指定位置的数据进行处理。

但需要注意的是，如果数据库的数据量过大，并且系统运行的不是一个业务，而是多个业务，此时就不适合使用游标来操作了。

14.2 本章练习

一、单选题

1. 在 MySQL 中，可以使用（　　）关键字来读取游标。
   A. select　　　　B. fetch　　　　C. get　　　　D. read
2. 下面关于游标的说法中，不正确的是（　　）。
   A. 在使用游标之前，我们必须先打开游标
   B. 游标只能在存储过程或存储函数中使用

  C. 一个存储过程中可以定义多个游标

  D. 游标本质上是一条 select 语句

3. 如果想要声明一个名为"cur"的游标，正确的语句是（　　）。

  A. declare cur cursor for select name, price from product;

  B. declare cur cursor as select name, price from product;

  C. cursor cur for select name, price from product;

  D. cursor cur as select name, price from product;

二、简答题

请简述一下游标的作用是什么。

第 15 章

事务

15.1 事务是什么

15.1.1 事务简介

在介绍事务之前,我们先来看一个经典的场景:**银行转账**。假如 A 想要把自己账户上的 10 万元转到 B 的账户上,这时就需要先从 A 账户中扣除 10 万元,再给 B 账户加上 10 万元。

如果从 A 账户中扣除 10 万元时发生了错误,会出现什么情况呢?结果可能会导致以下两种情况。

- A 账户中的 10 万元没有扣除成功,B 账户加上了 10 万元。
- A 账户中的 10 万元扣除成功,B 账户没有加上 10 万元。

A 账户中的 10 万元"不翼而飞",然而 B 账户又没有加上 10 万元。这样的问题是非常严重的,在银行转账时是绝对不允许这种情况出现的。

因此,"A 账户扣除 10 万元"和"B 账户加上 10 万元"这两个操作应该作为一个不可分割的整体来操作才行。如果"A 账户扣除 10 万元"的操作失败,那么"B 账户加上 10 万元"的操作应该取消。

实际上,将多个操作作为一个整体来处理,像这样的功能我们称为"事务"(transaction)。将事务开始之后的处理结果反映到数据库中的操作称为"提交"(commit),不反映到数据库中而是恢复成原来状态的操作称为"回滚"(rollback)。

15.1.2 使用事务

从前文可以知道,使用 delete from product; 这样的 SQL 语句会把整个 product 表的数据都删除，并且是无法恢复的。如果我们希望删除之后还能恢复，此时可以使用事务来实现。

在 MySQL 中，我们可以使用 start transaction 语句来开启事务。执行下面的代码之后，如果结果显示为"OK"（如图 15-1 所示），就说明成功开启了一个事务。

```
start transaction;
```

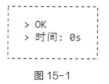

```
> OK
> 时间: 0s
```

图 15-1

小伙伴们一定要确认开启了事务，再去执行下面的操作。开启事务之后，我们再去执行下面的删除操作，此时会看到 product 表的数据被删除了，如图 15-2 所示。

```
-- 删除数据
delete from product;
-- 查看表
select * from product;
```

id	name	type	city	price	rdate
(N/A)	(N/A)	(N/A)	(N/A)	(N/A)	(N/A)

图 15-2

由于前面使用 start transaction 开启了事务，所以现在我们有两个选择：commit 或 rollback。如果想要恢复数据，我们可以使用 rollback 语句，也就是执行下面的 SQL 代码，结果如图 15-3 所示。

```
-- 回滚
rollback;
-- 查看表
select * from product;
```

id	name	type	city	price	rdate
1	橡皮	文具	广州	2.5	2022-03-19
2	尺子	文具	杭州	1.2	2022-01-21
3	铅笔	文具	广州	4.6	2022-05-01
4	筷子	餐具	广州	39.9	2022-05-27
5	汤勺	餐具	杭州	12.5	2022-07-05
6	盘子	餐具	广州	89.0	2022-12-12
7	衬衫	衣服	广州	69.0	2022-08-11
8	裙子	衣服	杭州	60.0	2022-06-18
9	夹克	衣服	广州	79.0	2022-09-01
10	短裤	衣服	杭州	39.9	2022-10-24

图 15-3

如果上面我们执行的是"commit;"而不是"rollback;",那么删除操作的结果就会反映到数据库中,然后所有的数据都会被删除。

15.1.3 自动提交

默认情况下,也就是不手动开启事务时,MySQL 的处理都是直接被提交的。也就是说,所有的操作都会自动执行"commit;"。像这种自动提交的功能,称为"自动提交"(auto commit)。

自动提交功能在默认情况下是处于开启状态的。如果我们手动使用 start transaction 开启了事务,那么后面就不会自动提交,而必须由我们手动执行 commit 来提交。

当然,小伙伴们也可以将自动提交功能关闭,也就是使用下面的语句。如果关闭了自动提交功能,即使执行了 SQL 语句也不会提交,而必须通过 commit 来进行提交,或者通过 rollback 来进行还原。

```
set autocommit=0;
```

关闭自动提交功能之后,如果想要重新开启该功能,我们可以执行下面的代码来实现。

```
set autocommit=1;
```

15.1.4 使用范围

MySQL 启动了事务之后,大多数操作都可以通过回滚来进行还原。不过下面这些操作是无法还原的,这一点小伙伴们一定要记住。

- drop database
- drop table
- drop view
- alter table

15.2 事务的属性

在 MySQL 中,事务有很严格的定义,必须同时满足 4 个属性才行:原子性(atomicity);一致性(consistency);隔离性(isolation);持久性(durability)。这 4 个属性通常又被简称为"ACID"特性。

- **原子性**:事务作为一个整体来执行,所有操作要么都执行,要么都不执行。
- **一致性**:事务应确保数据库的状态,从一个一致状态转变为另一个一致状态。
- **隔离性**:当多个事务并发执行时,一个事务的执行不应影响其他事务的执行。

- **持久性**：事务一旦提交，它对数据库的修改应该永久保存在数据库中。

为了方便小伙伴们理解，我们还是以转账的例子来说明这 4 个属性的含义。比如 A 和 B 这两个账户的余额都是 1000（元），如果 A 给 B 转账 100 元，则需要以下 6 个步骤。

① 从 A 中读取其余额为 1000。
② A 的余额减去 100。
③ A 的余额写入为 900。
④ 从 B 中读取其余额为 1000。
⑤ B 的余额加上 100。
⑥ B 的余额写入为 1100。

从上面这 6 个步骤，怎么去理解事务的 4 个属性呢？具体分析如下。

- **原子性**

保证①～⑥要么都执行，要么都不执行。一旦在执行某一步时出现问题，都需要立刻回滚。比如执行第⑤步时，账户 B 突然不可用（比如被注销），那么之前所有的操作都要回滚（也就是被取消）。

- **一致性**

在转账之前，A 和 B 共有 1000+1000=2000 元。在转账之后，A 和 B 共有 900+1100=2000 元。也就是说，在执行该事务之后，数据从一个一致状态转变为另一个一致状态。

- **隔离性**

在 A 给 B 转账时，只要事务还没有提交，那么 A 和 B 的余额都不会变化。假如 A 给 B 转账的同时，又执行了另一个事务：C 给 B 转账。那么这两个事务都是独立的，并且当这两个事务结束之后，B 的余额应该是 A 转给 B 的钱，再加上 C 转给 B 的钱。

- **持久性**

一旦事务提交（转账成功），那么这两个账户的余额就会发生永久性变化，就不能再次回滚了。

15.3 本章练习

一、单选题

1. 在 MySQL 中，我们可以使用（　　）关键字来回滚事务。
   A. commit　　　　B. rollback　　　　C. submit　　　　D. back
2. 下面不属于事务的属性的是（　　）。
   A. 原子性　　　　B. 一致性　　　　C. 隔离性　　　　D. 暂时性

二、简答题

请简述一下事务的属性都有哪些。

第 16 章 安全管理

16.1 安全管理简介

数据库往往是系统中重要的组成部分,因此对数据的保护也是数据库管理中的重要组成部分(图 16-1)。MySQL 为我们提供了一整套的安全机制,主要包括以下两个方面。

- 用户管理
- 权限管理

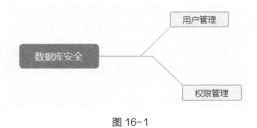

图 16-1

16.2 用户管理

MySQL 的用户主要分为两种:一种是"root 用户",另一种是"普通用户"。其中 root 用户拥有所有权限,包括创建用户、删除用户、修改用户等。而普通用户只拥有被 root 用户所赋予的权限。

我们在安装 MySQL 时,默认情况下会自动创建一个名为"mysql"的数据库,如图 16-2 所示。mysql 数据库存储的都是一些权限表,其中非常重要的是一个名为"user"的表,如图 16-3

所示。MySQL 所有用户信息都保存在 user 表中。

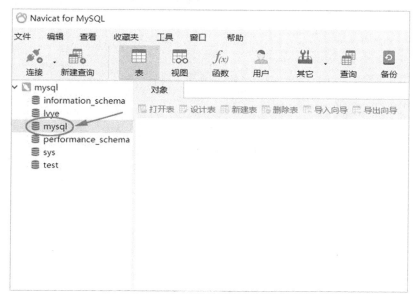

图 16-2

图 16-3

我们在 Navicat for MySQL 中可以切换到 mysql 数据库，如图 16-4 所示。然后执行 select * from user; 这一句 SQL 代码，来查看一下 user 表的数据是怎样的，运行结果（部分）如图 16-5 所示。

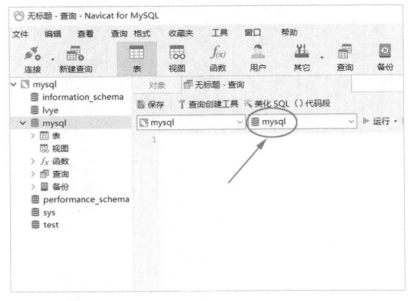

图 16-4

Host	User	Select_priv	Insert_priv	Update_priv	Delete_priv
localhost	mysql.infoschema	Y	N	N	N
localhost	mysql.session	N	N	N	N
localhost	mysql.sys	N	N	N	N
localhost	root	Y	Y	Y	Y

图 16-5

16.2.1 创建用户

在 MySQL 中，我们可以使用 create user 语句来创建新用户。

▼ 语法：

```
create user '用户名'@'主机名'
identified by '密码';
```

▶ 说明：

如果是在本地计算机（也就是当前计算机）中创建，那么主机名应该使用"localhost"。如果是在远程服务器中创建，那么主机名应该使用 IP 地址（如"120.82.87.48"）。

identified by 关键字用于设置新用户的密码。

▶ 举例：

```
create user 'test1'@'localhost'
identified by '123456';
```

运行结果如图 16-6 所示。

图 16-6

▶ 分析：

当结果显示为"OK"时，就说明成功创建了一个新用户。该用户的名字为"test1"，所在的主机名是"localhost"，密码为"123456"。

当执行 select User from user; 时，运行结果如图 16-7 所示。其中 User 是列名，它是 user 表自带的一个列，保存的是用户名。

图 16-7

接下来我们尝试使用新创建的用户来登录。由于 Navicat for MySQL 当前登录的是 root 用户，我们需要在其他地方登录才行，此时可以使用命令提示符窗口来登录，只需要简单的两步就可以实现了。

① **打开命令提示符窗口**：对于 Windows 10 系统来说，我们在左下角搜索文本框中输入"cmd"，单击 Enter 键就可以打开命令提示符窗口，如图 16-8 所示。

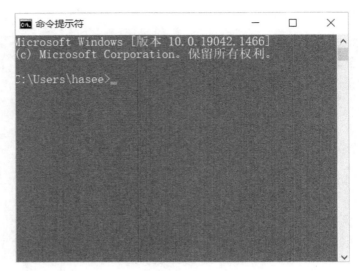

图 16-8

② **登录用户**：在命令提示符窗口中输入 mysql -u test1 -p（注意空格），单击 Enter 键之后，输入设置的密码"123456"，再次单击 Enter 键后，如果出现了"Welcome to the MySQL monitor."的字样，就说明使用 test1 这个用户登录成功了，如图 16-9 所示。

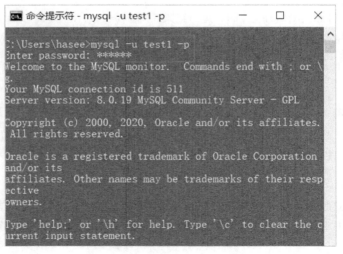

图 16-9

如果能在命令提示符窗口中使用 test1 用户成功登录，说明刚刚我们创建的 test1 用户是没有任何问题的。

16.2.2 修改用户

修改用户，一般指的是修改用户的密码。在 MySQL 中，如果想要修改用户的密码，有两种方式：① 使用 alter user 语句；② 使用 set password 语句。

▼ **语法**：

```
-- 方式1
alter user '用户名'@'主机名'
identified by '新密码';

-- 方式2
set password for '用户名'@'主机名' = '新密码';
```

▼ **说明**：

alter user 语句和 create user 语句十分类似，小伙伴们可以对比一下。

▼ **举例**：

```
alter user 'test1'@'localhost'
identified by '666666';
```

运行结果如图 16-10 所示。

图 16-10

▼ **分析**：

如果结果显示为"OK"，就说明 test1 用户的密码修改成功了。小伙伴们关闭命令提示符窗口，然后重新使用 test1 用户登录，会发现旧密码无法使用，而只能使用新密码了。

对于这个例子来说，下面两种方式是等价的。

```
-- 方式1
alter user 'test1'@'localhost'
identified by '666666';

-- 方式2
set password for 'test1'@'localhost' = '666666';
```

16.2.3 删除用户

在 MySQL 中，我们可以使用 drop user 语句来删除用户。

▶ **语法**：
```
drop user '用户名'@'主机名';
```

▶ **举例**：
```
drop user 'test1'@'localhost';
```

运行结果如图 16-11 所示。

```
> OK
> 时间: 0.027s
```

图 16-11

▶ **分析**：

如果结果显示为"OK"，说明成功删除了用户。我们执行 select User from user;，可以看到 test1 用户已经被删除了，如图 16-12 所示。

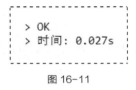

图 16-12

为了方便后面的学习，我们需要重新执行下面的 SQL 语句来创建一个名为"test1"的用户。

```
create user 'test1'@'localhost'
identified by '123456';
```

16.3 权限管理

新创建的用户只拥有极少数的权限，一般只能登录 MySQL 服务器，而不具备访问数据的权限。这里我们可以尝试一下，首先在命令提示符窗口中使用 test1 用户登录，登录成功之后输入

use lvye;（表示选择 lvye 数据库），此时会发现报错了，如图 16-13 所示。

图 16-13

如果想要使得新创建的用户可以访问数据，我们需要赋予用户指定的权限才行。在 MySQL 中，权限类型非常多，常见的 MySQL 权限类型如表 16-1 所示。

表 16-1　MySQL 权限类型

数据操作	说　明
select	查询数据
insert	插入数据
update	更新数据
delete	删除数据
视图和索引	说　明
create view	创建视图
show view	查看视图
index	创建和删除索引
存储程序	说　明
create routine	创建存储过程或存储函数
alter routine	修改存储过程或存储函数
execute	执行存储过程或存储函数
trigger	触发器
event	事件

(续)

用户相关	说明
create user	创建用户
super	超级权限
grant option	授予权限或撤销权限
库或表操作	**说明**
create	创建库或表
alter	修改库或表
drop	删除库或表
show databases	查看数据库
create temporary tables	创建临时表
lock tables	锁定表
references	建立外键关系
其他操作	**说明**
process	查看进程信息
shutdown	关闭 MySQL 服务器
file	读写文件
reload	重新加载权限表

16.3.1 授予权限

在 MySQL 中，我们可以使用 grant 语句来授予用户各种权限。

▶ **语法**：

```
grant 权限名1, 权限名2, ..., 权限名n
on '库名.表名'
to '用户名'@'主机名'
with 参数;
```

▶ **说明**：

如果希望授予多个权限，那么权限名之间要用英文逗号隔开。with 关键字后面接一个或多个参数，共有 5 种参数可选，如表 16-2 所示。

表 16-2　with 关键字后面接的参数

参　　数	说　　明
grant option	被授权的用户可以将这些权限授予别的用户
max_connections_per_hour	每小时的最大连接次数
max_queries_per_hour	每小时的最大查询次数
max_updates_per_hour	每小时的最大更新次数
max_user_connections	最大用户连接数

▶ **举例**：

```
grant select, insert, update, delete
on *.*
to 'test1'@'localhost'
with grant option;
```

运行结果如图 16-14 所示。

图 16-14

▶ **分析**：

当结果显示为"Affected rows: 0"时，就表示授权成功了。这个例子实现的功能是：授予 test1 用户对所有数据库中所有数据表查询、插入、更新、删除数据的权限。"*.*"表示所有数据库中的所有数据表，点号左边的"*"表示所有数据库，点号右边的"*"表示所有数据表。

然后执行 select * from user;，可以看到授权成功了，也就是 Select_priv、Insert_priv、Update_priv 和 Delete_priv 都变成了"Y"，如图 16-15 所示。

Host	User	Select_priv	Insert_priv	Update_priv	Delete_priv
localhost	mysql.infoschema	Y	N	N	N
localhost	mysql.session	N	N	N	N
localhost	mysql.sys	N	N	N	N
localhost	root	Y	Y	Y	Y
localhost	test1	Y	Y	Y	Y

图 16-15

我们可以到命令提示符窗口中验证一下。首先关闭命令提示符窗口并且使用 test1 用户登录，请注意一定要关闭窗口并重新登录，否则在原来的命令提示符窗口中操作会出现问题。然后我们执行 use lvye; 来切换到 lvye 数据库，如果显示"Database changed"则表示切换成功，如图 16-16 所示。

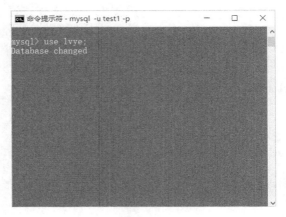

图 16-16

然后执行 select * from product;，可以看到能够正常显示查询结果，如图 16-17 所示。此时说明对 test1 用户授权成功了。

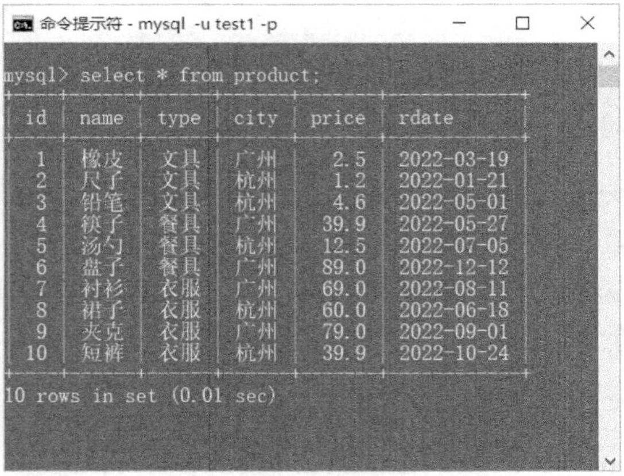

图 16-17

上面例子是授予用户对所有数据库中所有数据表的操作权限，如果只希望授予某一个库中某一个表的操作权限，比如授予用户对lvye 数据库中product表的查询、插入、更新、删除数据的权限，只需要将"*.*"改为"lvye.product"就可以了，其代码如下。

```
grant select, insert, update, delete
on lvye.product
to 'test1'@'localhost'
with grant option;
```

16.3.2 查看权限

在 MySQL 中，我们可以使用 show grants 语句来查看用户的权限包括哪些。

▼ **语法**：

```
show grants for '用户名'@'主机名';
```

▼ **举例**：

```
show grants for 'test1'@'localhost';
```

运行结果如图 16-18 所示。

```
Grants for test1@localhost
GRANT SELECT, INSERT, UPDATE, DELETE ON *.* TO `test1`@`localhost` WITH GRANT OPTION
```

图 16-18

16.3.3 撤销权限

在 MySQL 中，我们可以使用 revoke 语句来撤销用户的某些权限。

▼ **语法**：

```
revoke 权限名1, 权限名2, ..., 权限名n
on 库名.表名
from '用户名'@'主机名';
```

▼ **举例**：

```
revoke insert, update, delete
on *.*
from 'test1'@'localhost';
```

运行结果如图 16-19 所示。

图 16-19

▼ **分析**：

如果结果显示为"Affected rows: 0"，就表示撤销权限成功了。这个例子的功能是：撤销 test1 用户对所有数据库中所有数据表的插入、更新、删除数据的权限。

我们执行 select * from user;, 可以看到撤销权限成功了, 也就是 Insert_priv、Update_priv 和 Delete_priv 这 3 项都变成了 "N", 如图 16-20 所示。

Host	User	Select_priv	Insert_priv	Update_priv	Delete_priv
localhost	mysql.infoschema	Y	N	N	N
localhost	mysql.session	N	N	N	N
localhost	mysql.sys	N	N	N	N
localhost	root	Y	Y	Y	Y
localhost	test1	Y	N	N	N

图 16-20

从 2.1 节可以知道，这里介绍的 grant 和 revoke 这两个语句本质上属于数据控制语句，它主要用于用户对数据库和数据表的权限管理。

16.4 本章练习

一、单选题

1. 在 MySQL 中，预设的拥有最高权限的是（　　）。
   A. administrator　　B. manager　　C. user　　D. root
2. 如果想要删除本地的 test1 用户，我们可以使用（　　）来实现。
   A. drop user 'test1'@'localhost';　　　　B. drop user 'test1'.'localhost';
   C. drop user 'localhost'@'test1';　　　　D. drop user 'localhost'.'test1';
3. 下面关于安全管理的说法中，正确的是（　　）。
   A. 使用 create user 语句创建一个新用户后，该用户可以访问所有数据库
   B. 使用 grant 语句授予用户权限之后，该用户可以把自身的权限再授予其他用户
   C. 使用 show grants 语句查询权限时，需要指定查询的用户名和主机名
   D. 我们只能授予普通用户对数据表的查询、插入、更新、删除这 4 种权限

二、多选题

下面可以将 root 用户的密码修改为 "666" 的语句是（　　）。(选 2 项)
   A. alter user 'root'@'localhost' identified by '666';
   B. alter user 'root'@'localhost'='666';
   C. set password for 'root'@'localhost' identified by '666';
   D. set password for 'root'@'localhost'='666';

第 17 章 数据备份

17.1 数据备份简介

在使用数据库的过程中，可能存在一些不可预估的因素（如误操作、病毒入侵等），会造成数据的破坏以及丢失。为了保证数据的安全性，我们需要经常对数据进行备份（图 17-1）。

在 MySQL 中，数据备份分为以下两种。
- 库的备份。
- 表的备份。

图 17-1

我们可以使用 SQL 语句的方式来进行备份，也可以使用软件的方式来进行备份。不过使用 SQL 语句的方式备份比较麻烦，对于初学者来说，我们更推荐使用软件的方式备份，也就是使用 Navicat for MySQL 来进行备份。

17.2 库的备份与还原

17.2.1 库的备份

库的备份，指的是对数据库进行备份，这种方式会把该库中所有的表都进行备份。如果使用 Navicat for MySQL 来备份数据库，我们只需要执行以下两步即可。

① **选择【新建备份】**：首先打开 lvye 数据库，然后在上方单击【备份】，最后单击【新建备份】，如图 17-2 所示。

图 17-2

② **备份数据**：在弹出的窗口中单击【备份】，Navicat for MySQL 就会自动开始备份，如图 17-3 所示。

图 17-3

如果出现了"Finished successfully"的字样，就说明备份成功了，然后单击【关闭】按钮即可，如图 17-4 所示。

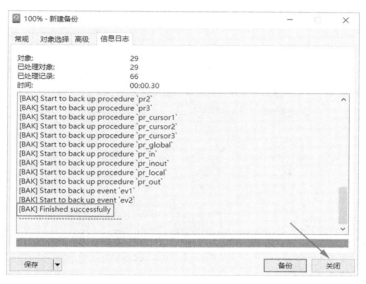

图 17-4

一般情况下，上面这种方式会将库备份到默认位置。那么我们怎么知道数据备份到哪里呢？其实很简单，首先选中左侧的【备份】，单击鼠标右键并选择【在文件夹中显示】，就可以打开备份文件所在的位置了，如图 17-5 所示。

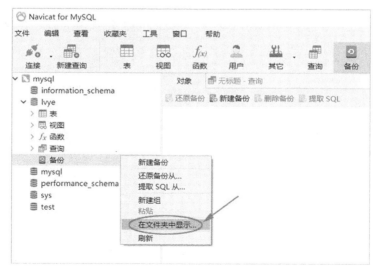

图 17-5

如果我们不希望将库备份到默认位置，而希望备份到其他位置，又应该怎么办呢？这个也很简单，只需要打开备份文件所在的位置，然后将备份文件复制一份到你想要的位置即可。

17.2.2 库的还原

对于库的还原,如果使用 Navicat for MySQL 来实现,也只需要完成以下两步即可。

① **选择【还原备份】**:首先打开 lvye 数据库,然后在上方单击【备份】,接着选中你想要备份的文件(记得一定要选中),最后单击【还原备份】,如图 17-6 所示。

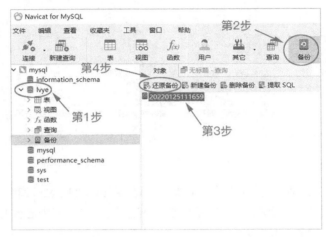

图 17-6

② **开始还原数据**:单击【还原备份】之后,在弹出的窗口中单击【还原】,就会自动还原了,如图 17-7 所示。

图 17-7

如果出现了"Finished successfully"的字样，就说明还原成功了，然后单击【关闭】按钮即可，如图 17-8 所示。

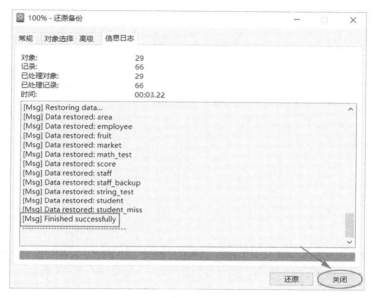

图 17-8

17.3　表的备份与还原

17.3.1　表的备份

　　库的备份，会将该库中所有的数据表都进行备份。但很多时候，我们只希望对某一个表进行备份，此时又应该怎么办呢？在 Navicat for MySQL 中，如果想要备份某一个表，我们只需要执行以下 4 步即可。

　　① **选择【导出向导】**：单击上方的【表】，然后单击【导出向导】，如图 17-9 所示。

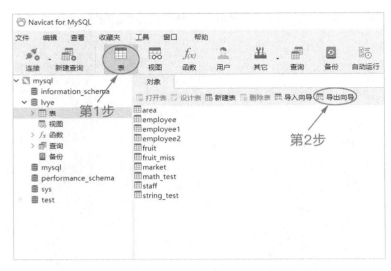

图 17-9

② **选择文件格式**：在弹出的窗口中，选择导出格式为【DBase 文件】，然后单击【下一步】，如图 17-10 所示。当然，如果想要保存为其他格式的文件（如 CSV 文件、Excel 文件）也是可以的。

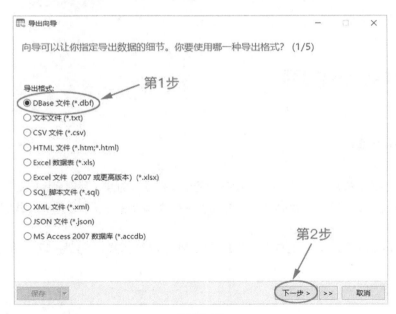

图 17-10

③ **选择想要备份的表**：选择想要备份的表，可以选择一个或多个，然后在对应表的右边选择想要存放的位置，最后单击【下一步】即可，如图 17-11 所示。

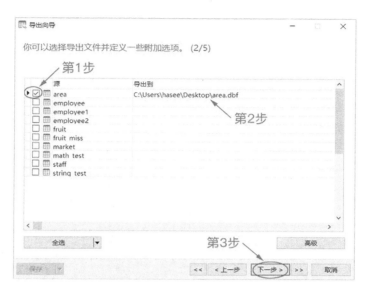

图 17-11

④ **开始备份**：接下来我们一路单击【下一步】按钮。到了最后一步，单击【开始】按钮，就会将我们选中的表备份到指定位置中，如图 17-12 所示。

图 17-12

如果出现了"Finished successfully"的字样，就说明备份成功了，然后单击【关闭】按钮即可，如图 17-13 所示。

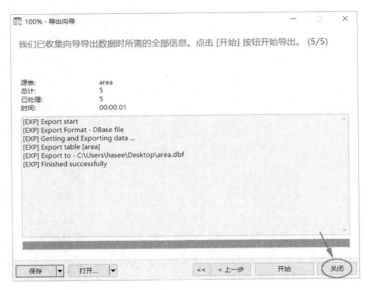

图 17-13

17.3.2 表的还原

接下来我们把 area 表删除，然后尝试使用 Navicat for MySQL 来进行还原，只需要执行以下 5 步就可以了。

① **选择【导入向导】**：首先单击上方的【表】，然后单击【导入向导】，如图 17-14 所示。

图 17-14

② **选择文件格式**：在弹出的窗口中，选择导出格式为【DBase 文件】，然后单击【下一步】，如图 17-15 所示。

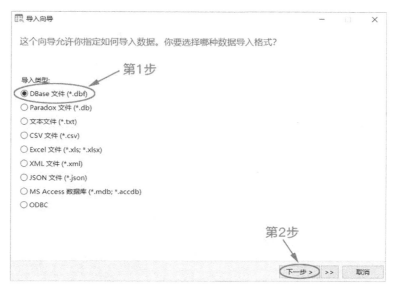

图 17-15

③ **选择文件**：单击右边的按钮，选择想要导入的文件，然后单击【下一步】，如图 17-16 所示。注意，选择的文件的格式要和上一步选择的文件格式相同。

图 17-16

④ **选择导入模式**：我们一路单击【下一步】，出现如图 17-17 所示的界面，选择【复制】导入模式，然后单击【下一步】。

图 17-17

⑤ **开始还原**：最后一步，单击【开始】按钮，就会自动把文件还原到 MySQL 数据库中，如图 17-18 所示。

图 17-18

如果出现了"Finished successfully"的字样，就说明还原成功了，然后单击【关闭】按钮即可，如图 17-19 所示。

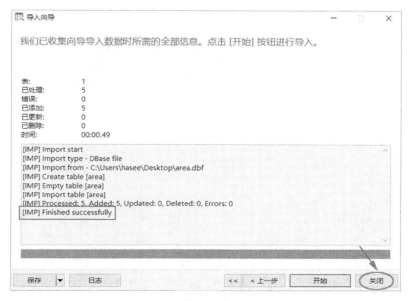

图 17-19

17.4 本章练习

单选题

下面关于数据库备份的说法中，不正确的是（   ）。
    A. 库的备份，会将该库中所有的表都一起备份
    B. 为了保证数据的安全性，我们需要经常对数据库进行备份
    C. 数据库的备份和还原，只能通过软件的方式来实现
    D. 对于库备份的还原，会覆盖该库中同名的表

第 18 章 其他内容

18.1 系统数据库

在使用 MySQL 操作数据库时，细心的小伙伴可能会发现：除了我们自己创建的库之外，还可以看到其他的库。其实这些库是 MySQL 自带的，也叫作"系统数据库"（如图 18-1 所示）。

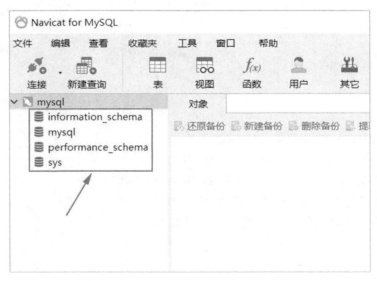

图 18-1

对于 MySQL 来说，它自带的系统数据库共有 4 个，其说明分别如下。

1. information_schema

information_schema 是 MySQL 自带的信息数据库，它用于存储数据库中的"元数据"。所谓的元数据，指的是所有的库名、表名、列的类型、访问权限等。

information_schema 中的表实际上是视图，而不是基本表。因此在文件系统中没有与之相关的文件。

2. performance_schema

performance_schema 和 information_schema 一样，都是 MySQL 自带的信息数据库。performance_schema 主要用于性能分析，收集数据库服务器性能的参数，并且提供以下功能。

- 提供进程等待的详细信息，包括锁、互斥变量、文件信息。
- 保留历史的事件信息，为提供 MySQL 服务器性能做出详细的判断。
- 对于新增和删除监控事件点都非常容易，并可以随意改变 MySQL 服务器的监控周期。

3. mysql

mysql 是 MySQL 中最重要的数据库之一，它是整个数据库服务器的核心。我们不能直接修改该数据库，如果损坏了 mysql 数据库，那么整个 MySQL 服务器将不能工作。

mysql 数据库包含所有用户的登录信息、所有系统的配置选项等。如果你是一名数据库管理员，应该定期备份一次 mysql 数据库。

4. sys

sys 是 MySQL 5.7 中新增的系统数据库，它通过视图的形式把 information_schema 和 performance_schema 结合起来，查询出更容易令人理解的数据。

sys 数据库里面包含一系列的存储过程、自定义函数以及视图来帮助我们快速地了解系统的元数据信息。

对于以上 4 个系统数据库，我们简单了解一下其作用即可。在实际开发中，我们尽量不要去"动"它们。

18.2 分页查询

在实际开发中，分页查询是经常使用的一种方式。比如有 100 条数据，第 1 页是第 1 ~ 10 行的数据，第 2 页是第 11 ~ 20 行的数据……第 10 页是第 91 ~ 100 行的数据。

▼ **举例**：limit m, n

```
-- 创建
create procedure pager1(a int, b int)
```

```
begin
    declare start int;
    declare n int;
    set start = (a - 1) * b;
    set n = b;

    select *
    from product
    order by id asc
    limit start, n;
end;

-- 调用
call pager1(1, 5);
```

运行结果如图 18-2 所示。

id	name	type	city	price	rdate
1	橡皮	文具	广州	2.5	2022-03-19
2	尺子	文具	杭州	1.2	2022-01-21
3	铅笔	文具	杭州	4.6	2022-05-01
4	筷子	餐具	广州	39.9	2022-05-27
5	汤勺	餐具	杭州	12.5	2022-07-05

图 18-2

▶ **分析**：

对于 pager1 这个存储过程来说，参数 a 表示第 a 页，参数 b 表示每一页包含多少条数据。对于 limit start, n 来说，start 代表开始位置，n 代表获取 n 条数据。忘记具体语法的小伙伴，可以回顾一下 3.5 节中的内容。

call pager1(1, 5); 表示获取第 1 页的数据，其中每一页包含 5 条数据。如果我们想要获取第 2 页的数据，也就是执行 call pager1(2, 5);，结果如图 18-3 所示。

id	name	type	city	price	rdate
6	盘子	餐具	广州	89.0	2022-12-12
7	衬衫	衣服	广州	69.0	2022-08-11
8	裙子	衣服	杭州	60.0	2022-06-18
9	夹克	衣服	广州	79.0	2022-09-01
10	短裤	衣服	杭州	39.9	2022-10-24

图 18-3

如果我们执行 call pager1(1, 10);，也就是获取第 1 页的数据，其中每一页包含 10 条数据，运行结果如图 18-4 所示。

id	name	type	city	price	rdate
1	橡皮	文具	广州	2.5	2022-03-19
2	尺子	文具	杭州	1.2	2022-01-21
3	铅笔	文具	杭州	4.6	2022-05-01
4	筷子	餐具	广州	39.9	2022-05-27
5	汤勺	餐具	杭州	12.5	2022-07-05
6	盘子	餐具	广州	89.0	2022-12-12
7	衬衫	衣服	广州	69.0	2022-08-11
8	裙子	衣服	杭州	60.0	2022-06-18
9	夹克	衣服	广州	79.0	2022-09-01
10	短裤	衣服	杭州	39.9	2022-10-24

图 18-4

使用 limit 子句，这是分页查询最简单的一种方式。在中小数据量的情况下，这样的 SQL 语句就足够用了。但是随着数据量的增加，页数也会越来越多。如果想要查看后面几页，可能就会写出下面这样的代码。

```
select *
from product
order by id asc
limit 10000, 5;
```

也就是说，越往后的分页，limit 子句的偏移量（这里是 10000）就越大。对于 limit start, n 来说，start 的值越大，查询性能就越低，因为 MySQL 需要扫描 start+n 条记录。

对于初学的小伙伴来说，上面这种方式已经完全足够使用了。想要深入了解的小伙伴，可以自行搜索、了解一下。

18.3 表的设计

最后给小伙伴们补充一些常用的小技巧，这样可以让我们设计一个更好的表，主要包括以下 5 个方面。

- 对于一个表的主键来说，我们一般使用自动递增的值，而不是手动插入值。
- 如果一个字段只有两种取值，比如"男"或"女"、"是"或"否"，比较好的做法是使用 tinyint(1)，而不是使用 varchar 等类型。当然，使用 varchar 等类型也是没有问题的。
- 如果想要保存图片，我们一般不会将图片保存到数据库中，否则会占用大量的存储空间。一般使用这样的做法：将图片上传到服务器，数据库保存的是图片的地址。
- 对于一篇文章来说，数据库一般保存的是包含该文章的 HTML（Hypertext Markup Language，超文本标记语言）代码，也叫作"富文本"。一般我们会使用富文本编辑器编辑内容，然后获取对应的 HTML 代码，最后将该 HTML 代码保存到数据库中。

> 设计表时，所有表和字段都应该添加对应的注释。这个好习惯一定要养成，这样可以使后期维护更轻松、简单。

18.4 本章练习

单选题

1. 下面不属于 MySQL 系统数据库的是（　　）。
   A. mysql   B. information_schema
   C. master   D. performance_schema
2. 对于用户的权限表，一般包含在（　　）数据库中。
   A. sys   B. mysql
   C. user   D. test

第 3 部分
实战案例

第 19 章 经典案例

19.1 案例准备

在本章中,我们带着小伙伴们做一个综合案例。该案例包含 21 个非常经典的问题,以帮助大家更好地巩固本书的内容。小伙伴们应该把每一个问题都搞清楚,并且做到在不看答案的情况下将解决方法写出来。

首先在 Navicat for MySQL 中创建 4 个表:① student(学生表);② teacher(教师表);③ course(课程表);④ score(成绩表)。这 4 个表的结构如表 19-1 ~ 表 19-4 所示。

表 19-1 student 表的结构

列 名	类 型	允许 NULL	是否主键	注 释
sid	varchar(5)	×	√	学生编号
sname	varchar(10)	√	×	学生姓名
sgender	char(5)	√	×	学生性别
sbirthday	date	√	×	出生日期

表 19-2 teacher 表的结构

列 名	类 型	允许 NULL	是否主键	注 释
tid	varchar(5)	×	√	教师编号
tname	varchar(10)	√	×	教师姓名

表 19-3 course 表的结构

列 名	类 型	允许 NULL	是否主键	注 释
cid	varchar(5)	×	√	课程编号
cname	varchar(20)	√	×	课程名称
tid	varchar(5)	√	×	教师编号

表 19-4 score 表的结构

列 名	类 型	允许 NULL	是否主键	注 释
sid	varchar(5)	√	×	学生编号
cid	varchar(5)	√	×	课程编号
grade	int	√	×	课程成绩

对于这 4 个表，我们需要清楚以下 3 点。下面提到的对应外键关系，需要大家手动去创建。对于这 4 个表的 SQL 创建代码，小伙伴们尽量自己写一下，看一看自己能否写出来。当然，本书配套文件中也有源代码。

- student、teacher、course 这 3 个表都有主键，分别是 sid、tid、cid。这 3 列的类型是字符串类型，而不是数字类型。
- course 表有 1 个主键和 1 个外键，主键是 cid，外键是 tid。其中外键 tid 依赖于 teacher 表的 tid。
- score 表没有主键，只有 2 个外键——sid 和 cid，其中外键 sid 依赖于 student 表的 sid，而外键 cid 依赖于 course 表的 cid。

表创建完成之后，我们需要往这 4 个表中添加数据。这 4 个表的数据如表 19-5～表 19-8 所示。

表 19-5 student 表的数据

sid	sname	sgender	sbirthday
S01	刘梅	女	2000-07-21
S02	陈兰	女	2001-01-11
S03	张竹	男	2000-08-16
S04	李菊	女	2001-03-28
S05	王风	男	2002-02-04
S06	赵雨	男	2000-06-20
S07	孙雷	男	2001-10-22
S08	周电	男	2002-03-07
S09	吴红	女	2001-12-04
S10	郑英	女	2000-09-25

表 19-6 teacher 表的数据

tid	tname
T01	张三
T02	李四
T03	王五

表 19-7 course 表的数据

cid	cname	tid
C01	语文	T03
C02	数学	T02
C03	英语	T01

表 19-8 score 表的数据

sid	cid	grade
S01	C01	84
S01	C02	92
S01	C03	99
S02	C01	70
S02	C02	89
S02	C03	52
S03	C01	85
S03	C02	70
S03	C03	48
S04	C01	95
S04	C02	80
S05	C02	75
S05	C03	90

接下来我们将这 21 个问题分为以下两类，这样做的目的是让小伙伴们能循序渐进地学习。

- 基础问题：只在单表中操作。
- 高级问题：涉及子查询、多表查询等。

19.2 基础问题

本节主要介绍一些基础问题，并且只会针对单表进行操作，不会涉及子查询和多表查询。所以对于本节中的问题，小伙伴们尽量在不看答案的情况下，自己将解决方法写出来。

1. 查询所有课程成绩都及格的学生的学号

这里操作的应该是 score 表，首先将 score 表根据学生编号（学号）分组，每一组代表的就是一个学生所有课程的成绩。在一个分组中，如果分数最低的课程的分数大于等于 60，那么输出该组的学号。

▶ 举例：

```
select sid as 学号
from score
group by sid
having min(grade) >=60;
```

运行结果如图 19-1 所示。

学号
S01
S04
S05

图 19-1

2. 求每个学生所有课程的平均分，需要输出学号以及对应的平均分

这里操作的应该是 score 表，首先将 score 表根据学号分组，每一组代表的就是一个学生所有课程的成绩。分组完成之后，再使用 avg() 函数获取平均分。

▶ 举例：

```
select sid as 学号, avg(grade) as 平均分
from score
group by sid;
```

运行结果如图 19-2 所示。

学号	平均分
S01	91.6667
S02	70.3333
S03	67.6667
S04	87.5000
S05	82.5000

图 19-2

3. 查询姓"李"的老师的人数

这里操作的应该是 teacher 表，在 where 子句中使用 like 关键字实现模糊查询，就可以获取姓"李"的老师，然后使用 count(*) 获取行数即可。

▶ 举例：

```
select count(*) as 人数
from teacher
where tname like '李%';
```

运行结果如图 19-3 所示。

图 19-3

4. 查询各门课程的课程编号（课程号）、最高分、最低分和平均分

这里操作的应该是 score 表，首先使用 group by 来根据 cid 进行分组，每一组代表的就是一门课程的基本情况。分组完成之后，再使用聚合函数来分别获取最高分、最低分和平均分。

▼ 举例：

```
select cid as 课程号,
       max(grade) as 最高分,
       min(grade) as 最低分,
       avg(grade) as 平均分
from score
group by cid;
```

运行结果如图 19-4 所示。

课程号	最高分	最低分	平均分
C01	95	70	83.5000
C02	92	70	81.2000
C03	99	48	72.2500

图 19-4

5. 查询每门课程的选修学生人数

这里操作的应该是 score 表，首先使用 group by 对 cid 进行分组，每一组代表的就是一门课程的基本情况。然后使用 count() 函数来统计 sid 的行数，就可以获取每门课程的选修学生人数。

▼ 举例：

```
select cid as 课程号, count(sid) as 人数
from score
group by cid;
```

运行结果如图 19-5 所示。

课程号	人数
C01	4
C02	5
C03	4

图 19-5

6. 查询男生和女生的人数

这里操作的应该是 student 表，首先使用 group by 对 sgender 进行分组，然后使用 count(*) 来统计行数即可。

▼ **举例**：

```
select sgender as 性别, count(*) as 人数
from student
group by sgender;
```

运行结果如图 19-6 所示。

图 19-6

7. 查询 2000 年出生的学生的基本信息

这里操作的应该是 student 表。sbirthday 是学生的出生日期，包括年、月和日。我们只需要使用 year() 函数，就可以获取对应的年份。

▼ **举例**：

```
select *
from student
where year(sbirthday) = 2000;
```

运行结果如图 19-7 所示。

sid	sname	sgender	sbirthday
S01	刘梅	女	2000-07-21
S03	张竹	男	2000-08-16
S06	赵雨	男	2000-06-20
S10	郑英	女	2000-09-25

图 19-7

8. 查询平均分大于 80 的课程号和平均分

这里操作的应该是 score 表，首先使用 group by 子句对 cid 进行分组，每一组代表的就是一门课程的基本信息。然后在 having 子句中判断每一组的平均分是否大于 80，如果是则满足条件。

▌ **举例**：

```
select cid as 课程号, avg(grade) as 平均分
from score
group by cid
having avg(grade) > 80;
```

运行结果如图 19-8 所示。

课程号	平均分
C01	83.5000
C02	81.2000

图 19-8

9. 查询语文这门课程成绩为 60 ~ 80 分的学生的学号

这里操作的应该是 score 表。对于判断值在某个范围内，我们既可以使用 between...and 来实现，也可以使用比较运算符来实现。

▌ **举例**：

```
select sid as 学号
from score
where cid = 'C01' and grade between 60 and 80;
```

运行结果如图 19-9 所示。

学号
S02

图 19-9

10. 查询至少有 3 个学生选修的课程的课程号

这里操作的应该是 score 表，首先使用 group by 子句对 cid 进行分组，每一组代表的就是一门课程的基本情况。然后在 having 子句中判断 count(*) 是否大于等于 3 即可。

▌ **举例**：

```
select cid as 课程号
from score
group by cid
having count(*) >= 3;
```

运行结果如图 19-10 所示。

课程号
C01
C02
C03

图 19-10

19.3 高级问题

本节中的问题都是有一定难度的，会涉及子查询和多表查询。而在实际开发中，大多数查询都会涉及子查询和多表查询。如果小伙伴们能够在不看答案的情况下，把这些问题的解决方法写出来，就说明对 SQL 已经掌握得非常好了。

1. 查询同时选修了语文和数学这两门课程的学生的学号

首先从 score 表中查询 cid='C01'（语文）的所有记录，给其返回的结果起一个别名"sc1"。然后从 score 表中查询 cid='C02'（数学）的所有记录，给其返回的结果起一个别名"sc2"。最后使用笛卡儿积连接 sc1 和 sc2，并且判断 sc1.sid 是否等于 sc2.sid 即可。

▼ 举例：

```
select sc1.sid from
    (select * from score where cid = 'C01') as sc1,
    (select * from score where cid = 'C02') as sc2
where sc1.sid = sc2.sid;
```

运行结果如图 19-11 所示。

sid
S01
S02
S03
S04

图 19-11

2. 查询同时选修了语文和数学这两门课程的学生的基本信息

首先使用笛卡儿积连接获取同时选修了语文和数学这两门课程的学生的 sid，然后使用子查询判断 student 表中的 sid 即可。

▶ **举例：**

```
select * from student where sid in (
    select sc1.sid from
        (select * from score where score.cid = 'C01') as sc1,
        (select * from score where score.cid = 'C02') as sc2
    where sc1.sid = sc2.sid
);
```

运行结果如图 19-12 所示。

sid	sname	sgender	sbirthday
S01	刘梅	女	2000-07-21
S02	陈兰	女	2001-01-11
S03	张竹	男	2000-08-16
S04	李菊	女	2001-03-28

图 19-12

3. 查询选修了所有课程的学生的基本信息

这和上一个问题的思路是一样的，首先使用笛卡儿积连接获取同时选修了语文、数学、英语这 3 门课程的学生的 sid，然后使用子查询判断 student 表中的 sid 即可。

▶ **举例：**

```
select * from student where sid in
(
    select sc1.sid from
        (select * from score where score.cid = 'C01') as sc1,
        (select * from score where score.cid = 'C02') as sc2,
        (select * from score where score.cid = 'C03') as sc3
    where sc1.sid = sc2.sid and sc2.sid = sc3.sid
);
```

运行结果如图 19-13 所示。

sid	sname	sgender	sbirthday
S01	刘梅	女	2000-07-21
S02	陈兰	女	2001-01-11
S03	张竹	男	2000-08-16

图 19-13

4. 查询语文成绩比数学成绩高的学生的基本信息

首先使用笛卡儿积连接来获取语文成绩比数学成绩高的学生的 dsid，然后使用子查询判断

student 表中的 sid 即可。

▶ **举例**：

```
select * from student where sid in (
    select sc1.sid from
        (select sid, grade from score where cid = 'C01') as sc1,
        (select sid, grade from score where cid = 'C02') as sc2
    where sc1.sid = sc2.sid and sc1.grade > sc2.grade
);
```

运行结果如图 19-14 所示。

sid	sname	sgender	sbirthday
S03	张竹	男	2000-08-16
S04	李菊	女	2001-03-28

图 19-14

5. 查询每门课程成绩都及格的学生的基本信息

使用子查询获取每门课程成绩都及格的学生的 sid。在子查询中针对的是 score 表，我们先使用 group by 来对 sid 进行分组，每一组代表的就是一个学生的课程成绩的情况。然后只需要使用 having 子句来判断每一个分组，如果最低分大于等于 60，那么获取该分组的 sid。

▶ **举例**：

```
select * from student where sid in (
    select sid from score group by sid having min(grade) >= 60
);
```

运行结果如图 19-15 所示。

sid	sname	sgender	sbirthday
S01	刘梅	女	2000-07-21
S04	李菊	女	2001-03-28
S05	王风	男	2002-02-04

图 19-15

6. 获取所有学生的姓名，以及他们所选的课程名称和对应的课程成绩

学生姓名位于 student 表中，课程名位于 course 表中，而成绩位于 score 表中。因此我们需要同时连接这 3 个表才行，这里使用的是内连接。

▶ 举例：

```
select student.sname, course.cname, score.grade
from student
inner join score
on student.sid = score.sid
inner join course
on course.cid = score.cid;
```

运行结果如图 19-16 所示。

sname	cname	grade
刘梅	语文	84
陈兰	语文	70
张竹	语文	85
李菊	语文	95
刘梅	数学	92
陈兰	数学	89
张竹	数学	70
李菊	数学	80
王风	数学	75
刘梅	英语	99
陈兰	英语	52
张竹	英语	48
王风	英语	90

图 19-16

▶ 分析：

对于这个例子来说，我们也可以使用别名的方式，其实现代码如下。

```
select s.sname, c.cname, t.grade
from student as s
inner join score as t
on s.sid = t.sid
inner join course as c
on c.cid = t.cid;
```

需要注意的是，每当使用 inner join 时，都要在后面使用对应的 on 进行判断。下面两种方式是错误的。

```
-- 错误方式1
select student.sname, course.cname, score.grade
from student
inner join score
```

```
inner join course
on student.sid = score.sid
on course.cid = score.cid;

-- 错误方式2
select student.sname, course.cname, score.grade
from student
inner join score
inner join course
on student.sid = score.sid and course.cid = score.cid;
```

内连接一般也叫作等值连接（不考虑非等值连接），所以这个例子使用内连接比较合适。如果使用外连接是有问题的，小伙伴们可以自行试一下。

7. 查询每个学生所有课程的平均分，输出学生姓名和平均分

学生姓名位于 student 表中，平均分需要从 score 表中获取，所以这里需要涉及多表查询。首先对 score 表根据 sid 进行分组，每一个分组代表的就是一个学生所有课程的成绩。然后获取学号（sid）和平均分（avg(grade)），最后将 student 表和返回结果进行内连接即可。

▶ **举例：**

```
select s.sname, sc.avg_grade
from student as s
inner join (
    select sid, avg(grade) as avg_grade from score group by sid
) as sc
on s.sid = sc.sid;
```

运行结果如图 19-17 所示。

sname	avg_grade
刘梅	91.6667
陈兰	70.3333
张竹	67.6667
李菊	87.5000
王风	82.5000

图 19-17

8. 查询学过"张三"老师所授课程的学生的基本信息

教师信息位于 teacher 表中（需要先从 teacher 表中找到"张三"的 tid），教师（tid）和课程（cid）的关系位于 course 表中，学生（sid）和课程（cid）的关系位于 score 表中。而学生基本信息需要从 student 表中查询。

所以这里需要把 teacher、course、score 和 student 这 4 个表连接起来，我们有两种实现方式：笛卡儿积连接和内连接。

▶ 举例：笛卡儿积连接

```sql
select student.*
from teacher, course, score, student
where teacher.tname = '张三'
    and teacher.tid = course.tid
    and course.cid = score.cid
    and score.sid = student.sid;
```

运行结果如图 19-18 所示。

sid	sname	sgender	sbirthday
S01	刘梅	女	2000-07-21
S02	陈兰	女	2001-01-11
S03	张竹	男	2000-08-16
S05	王凤	男	2002-02-04

图 19-18

▶ 举例：内连接

```sql
select student.*
from teacher
inner join course on teacher.tid = course.tid
inner join score on course.cid = score.cid
inner join student on score.sid = student.sid
where teacher.tname = '张三';
```

运行结果如图 19-19 所示。

sid	sname	sgender	sbirthday
S01	刘梅	女	2000-07-21
S02	陈兰	女	2001-01-11
S03	张竹	男	2000-08-16
S05	王凤	男	2002-02-04

图 19-19

9. 查询各门课程的课程名称、最高分、最低分和平均分

课程名称（cname）位于 course 表中，最高分、最低分和平均分这些需要从 score 表中进行计算，所以这里需要连接 course 表和 score 表。同样，这里我们也有两种实现方式：笛卡儿积连接，以及内连接。

▌举例：笛卡儿积连接

```
select c.cname, sc.max_grade, sc.min_grade, sc.avg_grade
from course as c, (
    select cid,
           max(grade) as max_grade,
           min(grade) as min_grade,
           avg(grade) as avg_grade
    from score
    group by cid
) as sc
where c.cid = sc.cid;
```

运行结果如图 19-20 所示。

cname	max_grade	min_grade	avg_grade
语文	95	70	83.5000
数学	92	70	81.2000
英语	99	48	72.2500

图 19-20

▌举例：内连接

```
select c.cname, sc.max_grade, sc.min_grade, sc.avg_grade
from course as c
inner join (
    select cid,
           max(grade) as max_grade,
           min(grade) as min_grade,
           avg(grade) as avg_grade
    from score
    group by cid
) as sc
on c.cid = sc.cid;
```

运行结果如图 19-21 所示。

cname	max_grade	min_grade	avg_grade
语文	95	70	83.5000
数学	92	70	81.2000
英语	99	48	72.2500

图 19-21

10. 查询在 score 表中存在成绩的学生的基本信息

首先获取 score 表中存在成绩的学生的 sid，然后使用子查询判断 student 表中的 sid 即可。

▌ 举例：

```
select * from student where sid in (
    select distinct sid from score
);
```

运行结果如图 19-22 所示。

sid	sname	sgender	sbirthday
S01	刘梅	女	2000-07-21
S02	陈兰	女	2001-01-11
S03	张竹	男	2000-08-16
S04	李菊	女	2001-03-28
S05	王风	男	2002-02-04

图 19-22

11. 查询至少选修了两门课程的学生的姓名

学生与课程的关系位于 score 表中，而学生姓名位于 student 表中。对于这个例子来说，我们有两种实现方式：子查询和内连接。

▌ 举例：子查询

```
select sname from student
where sid in (
    select sid from score group by sid having count(cid) >= 2
);
```

运行结果如图 19-23 所示。

sname
刘梅
陈兰
张竹
李菊
王风

图 19-23

▶ 举例：内连接

```
select s.sname
from student as s
inner join (
    select sid from score group by sid having count(cid) >= 2
) as sc
on s.sid = sc.sid;
```

运行结果如图 19-24 所示。

图 19-24

最后，我们应该知道，对于 SQL 来说，查询是最重要的操作之一。如果能把各种查询操作掌握了，那说明你离掌握 SQL 已经不远了。

第 4 部分
附录

附录 A 查询子句

由于本书使用的是 MySQL，正文内容也以 MySQL 的语法作为主体，所以本书所有附录内容都是针对 MySQL 而言的。

子 句	说 明
select	查询哪些列
from	从哪个表查询
where	查询条件
group by	分组
having	分组条件
order by	排序
limit	限制行数

附录 B 列的属性

属　性	说　明
default	默认值
not null	非空（不允许为空）
auto_increment	自动递增
check	条件检查
unique	唯一键
primary key	主键
foreign key	外键
comment	注释

附录 C 连接方式

MySQL 中没有 full outer join 这样的完全外连接。如果想要实现完全外连接，只需要对左外连接和右外连接的结果求并集即可。

关 键 字	说 明
inner join	内连接
left outer join	左外连接
right outer join	右外连接
cross join	笛卡儿积连接（交叉连接）

附录 D 内置函数

这里所有的内置函数只适用于 MySQL，对于 SQL Server 和 Oracle 的内置函数，请查阅对应的官方文档。

聚合函数	说明
sum()	求和
avg()	求平均值
max()	求最大值
min()	求最小值
count()	获取行数
数学函数	**说明**
abs()	求绝对值
mod()	求余
round()	四舍五入
ceil()	向上取整
floor()	向下取整
pi()	获取圆周率
rand()	获取 0~1 的随机数
字符串函数	**说明**
length()	求字符串长度
trim()	同时去除开头和结尾的空格
ltrim()	去除开头的空格
rtrim()	去除结尾的空格
concat()	拼接字符串（不使用连接符）
concat_ws()	拼接字符串（使用连接符）
repeat()	重复字符串

（续）

字符串函数	说　明
replace()	替换字符串
substring()	截取字符串
left()	截取开头 n 个字符
right()	截取结尾 n 个字符
lower()	转换为小写
upper()	转换为大写
lpad()	在左边补全
rpad()	在右边补全
时间函数	**说　明**
curdate()	获取当前日期
curtime()	获取当前时间
now()	获取当前日期时间
year()	获取年份，返回 4 位数字
month()	获取月份，返回 1~12 的整数
monthname()	获取月份，返回英文月份名
dayofweek	获取星期，返回 1~7 的整数
dayname()	获取星期，返回英文星期名
dayofmonth()	获取天数，即该月中第几天
dayofyear()	获取天数，即该年中第几天
quarter()	获取季度，返回 1~4 的整数
系统函数	**说　明**
database()	获取数据库的名字
version()	获取当前数据库的版本号
user()	获取当前用户名
connection_id()	获取当前连接 ID
排名函数	**说　明**
rank()	跳跃性的排名，比如 1、1、3、4
row_number()	连续性的行号，比如 1、2、3、4
dense_rank()	结合 rank() 和 row_number()，比如 1、1、2、3
加密函数	**说　明**
md5()	使用 MD5 算法加密
sha1()	使用 SHA-1 算法加密
其他函数	**说　明**
cast()	类型转换
if()	条件判断
ifnull()	条件判断，判断 NULL

附录 E "库"操作

语　句	功　能
create database	创建库
show databases	查看库
alter database	修改库
drop database	删除库

附录 F "表"操作

创 建 表	说 明
create table	创建表
查 看 表	说 明
show tables	查看当前库都有哪些表
show create table	查看表的 SQL 创建语句
describe	查看表的结构
修 改 表	说 明
alter table...rename to...	修改表名
alter table...change...	修改列名
alter table...modify...	修改数据类型
alter table...add...	添加列
alter table...drop...	删除列
复 制 表	说 明
create table...like...	只复制结构
create table...as...	同时复制结构和数据
删 除 表	说 明
drop table	删除表

附录 G "数据"操作

语　句	功　能
select...from...	查询数据
insert into...values...	增加数据
update...set...	更新数据
delete from...	删除数据
truncate table	清空数据

附录 H "视图"操作

创建视图	说　明
create view	创建视图
查看视图	**说　明**
describe	查看视图字段信息
show table status like	查看视图基本信息
show create view	查看视图定义代码
修改视图	**说　明**
alter view	修改视图
删除视图	**说　明**
drop view	删除视图

附录 I "索引"操作

语 句	功 能
create index...on...	创建索引
show index from...	查看索引
drop index...on...	删除索引

注：MySQL 没有真正意义上的修改索引，如果想要修改一个索引，我们可以先删除该索引，然后创建一个同名索引即可。

后记

当小伙伴们看到这里的时候,说明大家在 SQL 上已经奠定了坚实的基础。如果你希望在 SQL 这条路上走得更远,接下来还要学习更高级的技术才行。

很多作者力求在一本书中把 SQL 都讲解了,其实这是不现实的。因为读者需要一个循序渐进的过程,才能更好地把技术"学透"。本书虽然讲解的是 SQL 的基础部分,不过我相信已经把市面上大多数同类图书中的知识点都讲解了。

对于 SQL 方向的学习,有一点要跟大家说明:不要奢望只看一个教程就能把 SQL 学透,这是不切实际的。一个知识点要在多个不同的场合下应用,我们才会有更深刻的理解和记忆。所以小伙伴们还是要多看一看同类图书,以及多查看一下官方文档。

不同的 DBMS 的语法也不一样,如果小伙伴们想要了解其他 DBMS(如 SQL Server、Oracle、PostgreSQL 等),可以看一下"从 0 到 1"系列的其他图书。实际上,"从 0 到 1"系列的书一直是我尽最大努力去完善的系列图书,除了包含 SQL 开发方向的书之外,还包含前端开发、Python 开发等方向的书。

最后,想要了解更多 SQL 相关的技术,以及更多"从 0 到 1"系列图书的小伙伴可以关注我的个人网站:绿叶学习网。